녹색으로 읽는 도시계획

녹색으로 읽는 도시계획

초판 1쇄 펴낸날 2010년 3월 30일

지은이 원제무

펴낸이 오휘영

펴낸곳 도서출판 조경

등록일 1987년 11월 27일 / **신고번호** 제406-2006-00005호

주소 경기도 파주시 교하읍 문발리 파주출판도시 529-5

전화 031.955.4966~8 / **팩스** 031.955.4969 / **전자우편** klam@chol.com

필름출력 한결그래픽스 / **인쇄** 백산하이테크

ISBN 978-89-85507-68-4 93530

파본은 교환하여 드립니다.

정가 16,000원

녹색으로 읽는 도시계획

Toward Green City Planning

원제무 지음

도서출판
조경

머·리·말

옛날에 소금인형이 있었다. 소금인형은 어느날 바다의 깊이를 재러 길을 떠났다. 바다에 가자마자 인형은 녹아버렸으므로 바다가 얼마나 깊은지 아무도 모른다고 한다. 바다에 녹아버린 소금인형처럼 현재 중병을 앓고 있는 우리 도시들은 그 상처와 아픔이 얼마나 큰지 도시민의 시각으로는 알 수 없었다. 하지만 최근 도시민들은 지구온난화로 인한 도시열섬현상, 난개발로 인한 도시생태계의 파괴, 자동차가 내뿜는 탄소가 만들어낸 뿌연 하늘 등 더 이상 감내하기 힘들 정도로 도시문제가 심각해졌다는 사실을 일상에서 서서히 느끼기 시작하였다.

결국 중요한 것은 근본적인 방향전환이다. 방향을 바꾸기 위해 우리들 모두에게 가장 긴요한 것은 '지금 여기', 즉 우리 각자가 처한 삶터에서 '제대로 된 삶'을 가꾸는 일이다. 내 자신이 위기에 처한 지구와 만날 수 있는 길은 오직 '여기, 도시', 즉 우리 각자가 처한 삶터에서 '녹색 삶'을 가꾸는 일이다. 그것은 자연세계를 단순한 물건으로 간주, 착취해 온 삶의 방식을 버리는 것, 인간도 자연의 일부임을 깨달아 도시민들이 삶의 방식을 바꾸도록 계획하고, 설계해 주는 일을 의미한다.

우리 도시가 이대로 가다가는 희망이 없다는 사고가 사람들에게 팽배해지고 있다. 난개발 등으로 도시환경이 악화되고, 자동차 배출가스가 대기오염의 주범이 된지 오래전이며, 자동차 위주의 도시공간 구조를 만들어 놓고 있어서 절망적인 도시라는 말이 나올 정도가 되었다.

기존 도시계획 방식을 넘어 녹색도시로 가자는 주장은 많지만 '어떻게' 그 길을 갈 것인가 하는 진정성의 측면은 취약해 보인다. 역시 도시계획분야를 구속해온 광역도시, 신도시 위주의 도시계획 방법론이 딜레마다. 우리 도시에서는 커뮤니티와 커뮤니티에 사는 사람들을 위해 요구되는 계획철학과 방법론을 간과한 채 단지 주택만 공급하면 된다는 단선적이고 양적인 계획관만이 지배해 왔다.

이제 미래도시에 대한 철학을 세워야 한다. 녹색도시가 하나의 대안 패러다임으로 등장할 수 있다. 녹색도시가 나아가야 할 길, 계획원리, 설계기준 등의 이슈와 정책과제들을 되뇌면서 저탄소 녹색성장을 바라본다면 한층 아름다운 녹색도시를 만들 수 있을 것이다.

녹색도시계획은 서구적 계몽주의와 합리주의, 자본주의 그리고 놀라운 기술진보가 생태적 위기를 낳고 있다는 인식이 확산 되면서 20세기 후반에 들어와 주목받기 시작한 계획철학이다. 그리고 이 속에서 녹색성장은 도시의 변화를 그 근본에서부터 주도하고 있다. 방법론에 있어서도 그간 신도시, 대도시, 광역도시의 시각에서 벗어나 커뮤니티, 소도시, 마을 등의 맥락에서 이해하려는 시도들이 나타나고 있다. 예컨대, 1990년대 중반부터 등장한 뉴어바니즘 계획철학은 커뮤니티와 전통, 그리고 인간중심의 계획을 성공적으로 이끌어 내었다. 근래에는 압축도시, 대중교통지향개발(TOD)을 통해 복합토지이용, 보행, 대중교통 중심의 계획을 이끌어 내고 있다.

'이 시대의 녹색도시' 읽기와 실천은 어떻게 고려해야 하는가? 오늘날 녹색성장과 관련된 이러저러한 정책들은 거의 이 물음과 한쪽 끝이 닿아 있다. 녹색도시 패러다임이 부족한 현실에서 '녹색도시에 대해 어떤 계획과정이 필요하고 어떤 기준을 설정할 것이냐', 그리고 '현재 우리가 할 수 있는 최선의 정책과 과제는 무엇인가' 하는 문제는 최근 도시 분야에 던져진 어려운 숙제이다.

이 책에서는 우선 지속가능성 패러다임 속의 커뮤니티 지향적 도시계획에 대해 살펴본다. 우리 도시는 자본의 논리에 따라 개발업자에 의한 대량 주택공급에 의해 끝없는 난개발이 이루어진 나머지 도시생태 파괴가 자행되어 왔다. 신도시 위주의 큰 도시개발 지상주의는 큰 길, 큰 주거공간, 큰 시설 등을 불러와 도시민의 삶의 질의 영역에도 파행적인 결과를 낳고 있다.

이에 대한 반동으로 '큰 도시, 환경 파괴주의' 발전 패러다임에서 '지속가능한 도시개발' 패러다임으로 전환이 최근에 일어난 현상이다. 우리는 도시계획의 사고에서 이 난개발 위주의 중핵을 깨뜨려야 한다. 도시계획은 그래서 커뮤니티 중심적 계획, 인간중심적 계획으로 전환되어야 한다.

지속가능한 커뮤니티 계획은 새로운 시대를 예고하는 불가결한 새로운 사고다. 이런 관점에서 1, 2장에서는 지속가능성의 요소와 자본을 살펴보면서 지속가능한 도시계획에 대한 고찰을 한다. 그리고 지속가능한 도시계획을 하기 위한 실천적 수단으로 녹색도시 계획요소와 관련정책을 고민해 본다.

3, 4장에서는 현재 전 지구적 생태위기에 직면한 세계 각국의 정부가 구호처럼 외치고 있는 저탄소 녹색성장의 추진 방향과 저탄소 녹색 도시계획을 이해한다. 그리고 녹색커뮤니티 계획 사조인 뉴어바니즘을 비롯한 도시계획 및 설계 패러다임의 구체적인 모습과 마주하게 된다. 뉴어바니즘과 같은 새로운 계획철학으로 근대적 도시계획 패러다임으로 억압당해온 인간의 커뮤니티에서 자유와 해방에 대한 갈구를 계획과 설계에 반영하고자 한다.

5장부터 10장까지는 녹색도시로 가기 위한 도시정책대안들을 살펴본다. 녹색도시 실천 정책의 큰 흐름을 도시리모델링, 복합용도개발, 도시정비프로젝트로 나누어 다루어 보고자한다. 도시리모델링에서는 도시재생정책과 철학을 우선적으로 고찰하고 해외도시의 사례를 통해 녹색패러다임 속의 도시재생 방향의 가는 길을 묻고 있다. 아울러 도시정비사업 프로세스를 지속가능한 커뮤니티 관점에서 정리해 보았다.

11장에서는 녹색도시속에 U-City와 ITS가 어떻게 접목될 수 있으며, 어떤 U-City, ITS요소들이 녹색도시에 필요한지를 염두에 두면서 구성해보았다. 여기서는 녹색도시사조의 속성상 여러 분야의 학제연구를 아우르고 협업할 수 있는 터전을 만드는 일이 우선임을 암시해주고 있다.

이 책은 도시민의 삶을 보듬으면서 녹색도시로 가는 길에 있어서 새로운 과제를 찾아내고, 방법론을 다듬어야 한다는 차원에서 쓰여졌다. 이 책을 쓰면서 한국의 도시지형에서 녹색도시가 자리잡기 위해 본서에서 제기한 이슈, 정책, 계획요소, 설계기준 등에 대한 연구가 강화돼야 할 필요성을 느꼈다.

녹색도시에 대한 도시적 과제와 계획을 고민하고 느껴보는 일은 참으로 매력적인 일이다. 그러면서 우리가 녹색도시란 화두를 놓고 진심으로 배워야 할 것은 도시를 올바로 사랑하는 방법이란 것을 깨닫게 해준다. 이제 우리는 앞으로 이런 도시를 상상해 볼 수 있을 것이다. "녹색도시라 불리는 도시에 사는 사람들의 표정은 나무, 물, 하늘을 닮았다. 이 도시의 사람들에게는 꿈과 희망이 있다. 구속이라고는 없는 즐거운 웃음이 언제든지 터진다."

이 책을 엮는데 주위의 많은 도움을 받았다. 글쓰기 초기부터 아이디어와 조언을 아끼지 않은 정광섭 박사, 김상원 박사, 그리고 임지희, 윤상훈 박사과정에게 고마운 마음을 전한다. 그리고 편집디자인 작업을 마다않고 도와준 김유미, 추민경, 최형선, 박성해, 이희성 석사과정에게 한턱 단단히 쏘고 싶을 뿐이다.

살곶이 다리를 내려다보며
2010년 3월
원제무

차·례

1장 |
지속가능성이란?

1-1. 지속가능성(Sustainability)은 어디에서 왔나?

(1) 지속가능성이란?

- 인간의 삶의 질과 지속가능한 개발(ESSD)은 1972년 로마클럽의 한 연구보고서에서 나타난 개발철학이다.

- 이 로마클럽의 보고서에서는 처음으로 지구적 차원의 자원과 환경용량의 지속가능성 이슈가 제기되었다.

- 지속가능성은 그 후 1976년 환경과 인간정주에 대한 최초 회의 하비타트 I, 1987년 WECD, 1992년 리오 UN회의, 1996년 이스탄불 하비타트 II 등의 국제회의를 거쳐 정교화 되고, 일반화 되었다.

- 도시 분야에서는 1980년대부터 사회적 지속가능성에 대한 논의가 미국과 영국에서 표출되기 시작하였다.

- 여기에 경제적, 환경적 지속가능성의 개념이 더해져, 지속가능한 개념들이 주목받게 되었다.

- 지속가능성은 현세대와 미래세대의 삶의 질 향상을 위한 미래지향적 이념이다.

- Jischa(1998)은 3가지의 위협요인이 지구의 지속가능성(Sustainability)을 저해한다고 한다.
    - ① 인구의 폭발적 증가
    - ② 재생 불가능한 화석연료의 사용 증가
    - ③ 환경오염의 피해 증가

- 불가피한 기존의 개발을 지속가능한 측면으로 유도하며, 향후 경제발전전략은 현재 세대와 미래 세대가 공존 할 수 있는 맥락에서 발전되어야 한다.

1962년 The Silent Spring 조용한 봄	Rachel Carson이 집필한 '조용한 봄'을 시작으로 환경 문제가 전세계적으로 인지되기 시작
1970년 국제적 심포지엄 & 주요의제채택	국제적 심포지엄 및 여러 회의 등에서 의제로 채택되며 중요성을 인지
1980년 UN 환경개발위원회	위원회 개최와 보고서 발간 등을 통해 환경적으로 건전하며, 지속가능 개발을 제시하고, 구체화되기 시작
1992년 리우선언으로 공식발표	환경과 개발에 대한 주된 의제로 채택 후 리우선언으로 공표되면서 세계적 관심사로 부각
1997년 교토의정서	기후변화 주책임 국가들은 온실가스배출량을 1990년 수준으로 동결해야 함

1-2. 지속가능성과 기후변화란?

(1) 기후변화 협약

- 1997년에 체결되어 2005년에 발효된 교토의정서의 기후변화 협약은 다음과 같은 기본원칙을 가지고 있다.

  ① 공동의 차별화된 책임 및 협력에 따른 의무 부담

  ② 기후변화의 예측, 방지를 위한 예방적 조치 시행의 원칙

  ③ 개발도상국의 특별한 사정을 배려

  ④ 모든 국가의 지속가능한 성장의 보장

- 위의 원칙을 토대로 하며 각국은 기후변화에 대응하기 위해 사전 예방조치를 취해야 한다.

- 2005년 효력을 발휘한 교토의정서는 선진국들을 중심으로 온실가스 배출목표를 설정하였다.

- 한국은 기후변화협약에서 개발도상국으로 분류되었기 때문에 교토의정서에 따른 온실가스감축 의무가 없다.

- 그러나 한국이 OECD 가입국이고, 온실가스 배출에 있어서도 세계 10위권 내의 국가이므로 2013년 이후에는 온실가스 감축의무 대상국가에 포함될 전망이다.

(2) 한국의 「국가기후변화 대응 종합기본계획 」

- '저탄소 녹색성장'이라는 정책목표 속에 추진되고 있는 기후변화 대응 종합기본계획에는 다음과 같은 사항들이 있다.

  – 온실가스 감축노력 강화

  – 신 성장동력으로서 기후친화산업의 육성 및 연구 · 개발의 강화

  – 체계적 기후변화 예측 · 적응 · 홍보 촉진

  – 지구환경문제에 대한 글로벌 환경리더십 발휘

  – 글로벌 기준에 부합하는 기후변화 추진기반의 구축

1-3. 지속가능성의 요소는?

● 지속가능성에 대한 기존의 정의는 경제 개발과 환경보호에만 집중하고 있기 때문에 의미가 제한되어 있다고 할 수 있다. 지속가능한 커뮤니티를 건설하기 위한 광의의 지속가능성의 요소는 다음과 같다.

　– 경제적 지속가능성

　– 제도적 지속가능성

　– 생태적 지속가능성

　– 문화적 지속가능성

❖ 지속가능성의 요소 ❖

경제적 지속가능성	성장과 형평	① 꾸준한 경제성장 ② 부의 공평한 분배 ③ 소외된 계층의 보호
	도시 및 지역성장의 논리	① 규모의 경제 ② 집적의 경제 ③ 비교우위
	재정	① 효율적 재투자 ② 부채관리 ③ 사회간접자본(SOC)투자계획 ④ 재정적 독립
	분야별 계획	① 토지 ② 주택 ③ 교통, 통신, IT ④ 교육 ⑤ 건강 ⑥ 위락 ⑦ 환경 ⑧ 동력, 자원 ⑨ 안전, 질서
	계획연관성	① 국가계획과의 관계 ② 관련계획과의 관계 ③ 인접지역과의 관계

제도적 지속가능성	위계적 제도의 연관성	① 국제기관과의 연관성 ② 국내기관과의 연관성 ③ 도시 및 지역 내부기관단체와의 연관성
	주체간의 연관성	① 인접지역과의 연관성 ② 타도시 및 지역과의 연관성 ③ 민간단체–정부협조체제 ④ 기업–정부협조체제 ⑤ 학계–정부협조체제
	민주적 결정체제와 동의 형성	① 시민참여제도의 확립 ② 협상제도의 공식적 · 비공식적 운용 ③ 중재제도 ④ 기타 갈등해소제도의 활용
생태적 지속가능성	공해대책	① 대기 ② 수질 ③ 고형 ④ 핵폐기물 ⑤ 소음
	수용능력	① 생태학적 수용능력 ② 경제적 및 여타 수용능력
	동력	① 에너지 수요 ② 에너지 공급 ③ 분야별(산업 · 주거 · 상업 등) 계획 ④ 원자력 발전문제 ⑤ 생태적 발전기술
	위락공간	① 위락공간 수요 ② 위락공간 공급 ③ 도시 및 지역위락 ④ 근린지역 위락

문화적 지속가능성	사회 · 환경가치관 및 일반사회 환경교육	① 정부 ② 민간단체 ③ 기업체 ④ 학교 ⑤ 일반시민
	사회 · 환경정보	① 사회 · 환경가치관 · 의식조사 ② 사회 · 환경정보체제(DB) ③ 사회 · 환경통신체제 ④ 인터넷의 활용
	사회 · 환경문화시설 및 행사	① 사회 · 환경센터 ② 국제행사 ③ 국내행사 ④ 지역행사 ⑤ 도시 및 지역행사 ⑥ 근린지역행사 ⑦ 공익방송 · 공익신문광고 ⑧ 사회 · 환경학술운동 ⑨ 사회 · 환경캠페인

∞ 생태적 지속가능개발(도심빌딩 사이 풍부한 녹지) ∞

1-4. 지속가능개발의 원칙에는 어떤 것들이 있나?

- 지속가능한 개발(Sustainable Development)은 미래세대의 요구를 충족시킬 수 있는 능력을 저해하지 않으면서 현세대의 요구를 충족시키는 발전이다(WCED[1] Our Common Future ; 1987).

- 많은 사람들은 지속가능한 개발을 "환경보호", "경제성장"으로 사용하기도 하고 Jacobs(1993)는 지속가능한 개발을 위한 3가지 원칙을 다음과 같이 제시하였다.

  ① "환경을 고려한 경제정책이 확립되어야 한다." 환경과 경제정책의 목표는 하나의 체계로서 동일한 목표를 향하여 수립되어야 한다.

  ② "지속가능성은 세대간의 환경적 비용과 편익을 공평하게 분배시켜야 한다."

  ③ "개발(Development)은 단순한 성장(Growth)을 의미하는 것이 아니다." 이를 다시 표현하면 개발(Development)은 질적 성장과 양적 성장이 동시에 포함되어야 한다는 것이다.

- 2002년 세계지속가능발전정상회의(WSSD)는 요하네스버그 선언문을 채택하고 물, 에너지, 건강, 생물다양성, 빈곤 등 핵심쟁점 분야를 중심으로 향후 10~20년간 지구 전체가 추진할 과제와 이행계획을 합의하였다. 이는 환경과 개발의 조화를 통하여 경제, 사회, 환경의 균형발전을 도모하는데 의의를 두고 있다.

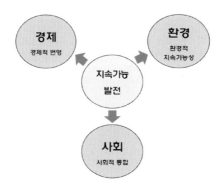

---

1) WCED : World Commission on Environment and Development, 1987

1-5. 지속가능커뮤니티에는 어떤 자본들이 있나?

(1) 자연자본(Natural Capital)

● 현시대의 개발과 자원사용추세는 지속가능하지 않기 때문에 자연자본의 고갈과 오염을 방지하기 위해서는 강력한 제재가 필요하다. 오늘날 이러한 인간활동에 의하여 고갈되는 자원을 "환경자본(Environmental Capital)" 또는 "자연자본(Natural Capital)"이라 부른다.

● 자연자본(Natural Capital)에는 아래 3가지 유형이 있다.

① 유형 1 : 재생 불가능한 자본(광물과 화석연료)

② 유형 2 : 재생 가능한 자본(식량, 산림, 수자원)

③ 유형 3 : 자연체계에 의한 자본 배기가스 및 오염물질(화학물질로 인한 대기의 오존층 파괴, 배기가스로 인한 기후의 불균형)

(2) 물리적 · 경제 · 인간자본(Physical, Economical and Human Capital)

● 물리적 자본(Physical Capital)은 장비, 빌딩, 기계 그리고 사회기반시설과 같은 물질적 자원을 의미한다. 물리적 자본에 대한 정의를 생산자본(Produced Capital)(NRTEE 2003), 제조업자본(Manufactured Capital)(Goodland 2003), 공공자본(Public Capital)(Rainey et al., 2003)과 같이 다양하게 표현한다. 물리적 자본은 공공시설(병원, 학교), 상하수도, 교통의 효율성, 안전성, 양질의 주택, 기반시설과 같은 커뮤니티 자본에 초점을 두고 있다.

● 경제자본(Economical Capital)은 현재 헛되이 소비되는 자원(쓰레기)을 보다 효율적으로 이용하는데 의미를 두며, 자원의 효율성 제고는 커뮤니티 내에서 자원순환의 유도 및 새로운 생산물을 창조하는 자본(Nozick, 1992)이다.

- 인간자본(Human Capital)은 "개개인의 지식, 기술, 사회, 경제, 복지 등과 관련된 창조적 자본을 말한다"(OECD, 2001). 인간자본은 훈련, 교육, 경험을 통하여 터득되어 진다(Ostrom, 1993).

- 건강, 교육, 기술, 지식, 리더십 네트워크는 인간자본을 구성하는 요소이다.

(3) 사회·문화자본(Social and Culture Capital)

- 사회자본(Social Capital)은 "공동체 활동의 관계, 네트워크를 촉진시키는 자본이다"(OECD, 2001). "생산적 활동을 통하여 공동체 사람들에게 지식을 나눠주고 이해시키고, 상호작용을 할 수 있도록 하는 것 자체가 사회자본 형성화과정이다"(Coleman, 1988, Putnam, 1993).

- 사회자본은 정직, 규율, 윤리, 공중도덕, 커뮤니티의 유대, 연결성, 상호작용, 관용, 동정, 인내, 친교, 사랑의 의미를 포함한다(Goodland, 2002).

- 사회자본은 커뮤니티 의식을 뿌리내리게 하는 기본적인 자산이다. 사회자본은 물리적 자본(Physical Capital)과는 달리 두 가지 일반적인 특성을 가지고 있다. 첫째, 사회자본은 활용함으로써 없어지지 않는다. 둘째, 활용하지 않게 되면 사회자본은 상대적으로 축적하기 힘들어진다.

- 현재의 사회자본의 의미는 개인과 그룹간의 관계로 해석할 수 있다. 이는 사람과 사람의 유대관계, 정보의 다양성, 법적 기준, 제도와 같은 여러 가지 형태를 가진다.

1-6. 개발지향적 계획과 지속가능 개발계획간에는 어떤 차이가 있을까?

(1) 지속가능발전계획의 토대

● 기존의 계획방식인 개발 지향적인 계획방식에서 소홀하게 다루어진 환경적 요소들을 구체적으로 고려한 계획철학이다.

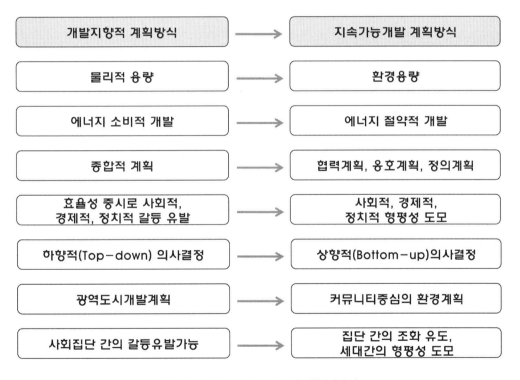

개발지향적 계획방식	지속가능개발 계획방식
물리적 용량	환경용량
에너지 소비적 개발	에너지 절약적 개발
종합적 계획	협력계획, 옹호계획, 정의계획
효율성 중시로 사회적, 경제적, 정치적 갈등 유발	사회적, 경제적, 정치적 형평성 도모
하향적(Top-down) 의사결정	상향적(Bottom-up)의사결정
광역도시개발계획	커뮤니티중심의 환경계획
사회집단 간의 갈등유발가능	집단 간의 조화 유도, 세대간의 형평성 도모

∞ 개발지향적 계획방식과 지속가능개발 계획방식의 비교 ∞

1-7. 지속가능 도시계획이란 무엇인가?

(1) 지속가능 도시계획이란?

● 공간적, 사회적, 경제적 형평성에 토대를 두고, 도시자원을 획득, 변환, 분배 처리함에 있어서 도시환경에 최소의 부담을 주어 계획하는 계획철학이다.

- 도시의 지속가능한 발전을 위해 목표를 설정하고, 대안을 평가하여 최적의 대안을 선택해 나아가는 계획과정
- 도시의 역사, 문화를 포함하는 도시의 정체성을 인식하여 계획을 세우는 계획과정
- 생물다양성과 자연생태계의 가치를 인식하고, 보존하며 복원하는 계획과정

(2) 지속가능 도시계획에서 다루는 내용

- 계획에 관련되는 이해당사자들의 참여 촉진
- 지속가능성을 목표로 함께 계획을 만들어 가기 위한 협력적 네트워크 구축
- 환경친화적인 정책과 기술의 도입
- 수요관리(교통수요관리기법, 환경세, 혼잡세 등)기법의 적용
- 대중교통중심 개발계획의 수립 및 집행
- 책임성, 투명성, 형평성을 바탕에 둔 도시 거버넌스 구축

1-8. 지속가능 도시가 되려면?

- 지속가능 도시가 가야할 길은 그리 순탄하지 않다. 그리고, 지속가능 도시 자체의 뚜렷한 사회적인 합의가 아직 명쾌하게 이루어져 있지 않으며, 도시계획이라는 제도적 장치가 지속가능성의 계획요소를 도시에 적절히 접목할 만큼 탄탄하지 못하다. 그래도 가야할 길을 모색하는 일은 의미있는 일이다.

  – 대중교통 역세권 중심의 고밀개발과 복합용도개발을 유도

  – 혼합적 토지이용을 장려

  – 자동차보다 보행중심의 도시를 구축

  – 여러개의 도시핵(Multi-Core)에 분산된 압축도시

  – 도시의 외면적 확장은 억제

  – 생태도시를 만들어 가야 함

  – 다양한 용도와 기능을 갖춘 도시공간이 구축되어야 함

  – 전통적 도시유산과 도시건축을 보존 · 복원

  – 토지이용과 교통의 통합적 계획으로 에너지 절약적인 도시를 추구

  – 중앙정부, 지방정부, 시민단체, 상공인, 전문가들을 중심으로 한 거버넌스를 구축

1-9. 지속가능 도시를 위한 도시정책들은?

(1) 공간구조 · 토지이용 · 에너지 · 교통분야의 정책

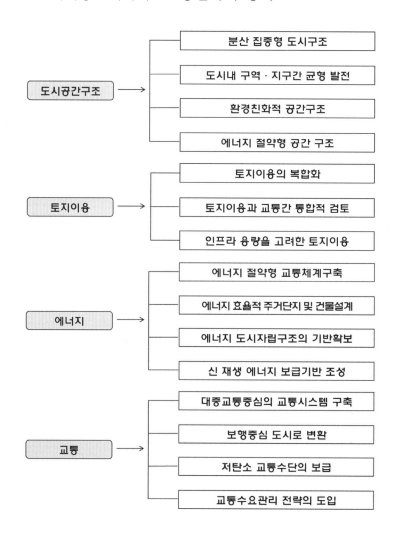

(2) 수질 · 대기 · 폐기물 · 기타환경 분야의 정책

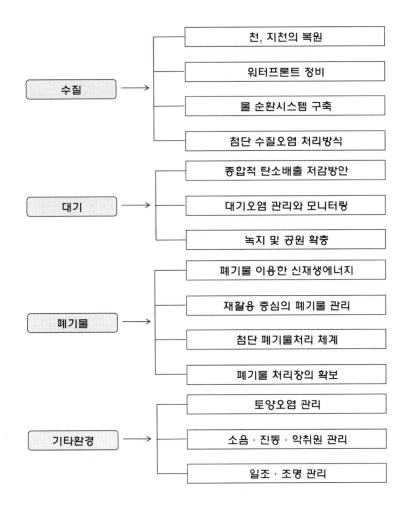

1. 지속가능성의 탄생배경을 계몽주의, 합리주의, 기술진보 등과 연관시켜 생각해보자.

2. 지속가능성과 모더니즘 그리고 포스트모더니즘과는 어떤 관계가 있을까?

3. 지속가능성과 생태주의 간의 철학적 · 이념적 관계와 차이는 무엇인가?

4. 지속가능성과 신경제주의 철학과는 맞물릴 수 있는가? 그렇다면 어떻게 연계시킬 수 있나?

5. 지속가능도시와 전통적 도시간의 계획철학, 설계원리 등에서 차이점은 무엇일까?

6. 지속가능성 용어는 언제, 누구에 의해 사용되기 시작하였는지 생각해 보자.

7. 지속가능성과 환경용량(Carrying Capacity)에 대해 논해보자.

8. 경제적 지속가능성의 요소에는 어떤 것들이 있으며, 추가적으로 포함해야 할 요소들은 없는지 고려해 보자.

9. 지속가능도시와 도시성장은 서로 이념적으로 상충되지 않는가?

10. 제도적 지속가능성의 의미란?

11. 문화적 지속가능성 속에서 사회 · 환경문화시설 및 행사와 문화적 지속가능성 간에는 어떤 연관이 있을까?

12. 인간자본(Human Capital)에는 어떤 요소들이 있으며, 이 요소들이 왜 인간자본인지를 설명해 보자.

13. 지속가능한 개발의 도시계획개념과 이론의 변천과정을 살펴보자.

14. 지속가능성의 계획요소를 다섯 가지 면에서 살펴보자.

15. 지속가능 커뮤니티를 계획해 나가기 위해 고려해야 할 자본은 어떤 것들이 있으며, 어떻게 관리해 나가야 할지 논해보자.

16. 지속가능한 도시계획과정이 지금까지의 도시계획과정과 어떻게 다르며, 왜 중요한지 계획흐름을 구체화해 보자.

2장

지속가능한 도시계획
철학과 원리

2-1. 도시계획 철학 어떻게 흘러왔나?

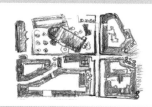

(1) 지속가능한 도시들의 과정

● 이상도시와 전원도시 이후 도시계획의 철학과 원리는 아테네 헌장, 생태도시, 마추픽추 헌장, 압축도시, 스마트 성장, 메가리드 헌장, 뉴어바니즘 헌장, 녹색도시로 변천되어 왔다.

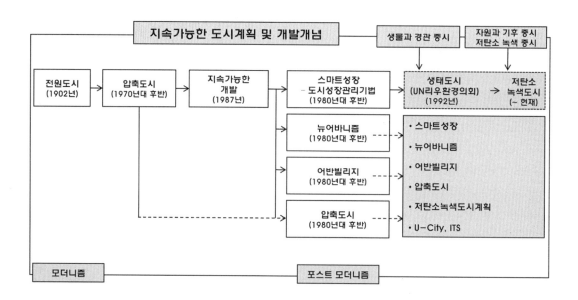

(2) 지속가능한 도시들의 개념

● **전원도시** (1900년대 초반~)

  − 하워드(Ebenezer Howard)가 내세운 것으로 산업혁명 이후 런던의 급격한 인구증가와 공해 등과 같은 도시문제 해결

  − 물리, 사회, 경제적 측면을 모두 고려한 유토피아 도시

● **생태도시** (1970년대 중반~)

  − 리차드 레스너 등이 내세운 것으로 도시 환경문제를 해결하고, 환경보전 및 개발의 적절한 균형을 위한 개념

  − 생태계의 요소인 대중성, 자립성, 순환성 등을 포함하는 인간 · 자연 공생의 지속가능한 도시

● **압축도시** (1970년대 후반~)

  − 기존 도심 혹은 역세권과 같은 지역을 주거, 상업, 업무 등의 복합적 요소를 고밀 개발하여 지역주민들의 사회 경제 활동을 집적화한 도시

● **뉴어바니즘** (1980년대 후반~)

  − 도시의 물리적 환경개선에 중점을 두어, 자동차화 되어가는 도시를 지양하는 도시계획 및 설계

  − 복고풍의 건축디자인, 보행위주, 근린지구, 계층혼합 등을 주안점으로 하여 도시를 계획

● **스마트성장** (1980년대 후반~)

  − 미국의 2차 세계대전 이후 교외화가 가져온 'Sprawl'을 치유하기 위해 대두된 도시운동으로 환경과 커뮤니티에 대한 낭비와 피해를 방지하는 방법을 고려하는 경제적 성장

2-2. 이상도시란 무엇인가?

(1) 이상도시

● 현실적으로 어디에도 존재하지 않는 이상의 나라 또는 이상향(理想鄕)을 의미한다.

● 도시적 개념으로 보면 '이 세상에는 없는 좋은 도시'를 의미한다.

● 오웬(Robert Owen)은 인구 규모가 약 1,200명을 수용하며, 1,000~1,500에이커 정도의 토지로 둘러싸인 가구로 이상촌을 정의하였다.

(2) 이상도시의 시기별 특성과 계획원리

시기	도시이념	계획원리
산업혁명 이전 (그리스의 이상도시 ~ 바로크의 이상도시)	플라톤의 법과 국가 계급사회 신천지 개척 연속성 · 복잡성 · 집중성	• 종교 • 방어 • 환경 • 사회 · 문화
산업혁명 이후의 이상도시 (1800년경 이후)	산업혁명, 공업화에 의한 부(富)	• 용도지역의 분배 　- 노동자들의 주거는 공업지역과 밀착형으로 계획 　- 중산층 이상의 계층을 위한 공업지역과 주거지역의 분리
재건기의 이상도시 (1940년경 이후)	전쟁에 의한 도시의 파괴	• 인간 및 커뮤니티 중심의 재건 및 도시모델 제시

2-3. 전원도시의 원리는?

(1) 전원도시

- 하워드(Ebenezer Howard)에 의하여 최초로 제안 되었으며, 도시의 물리적 시설만이 아닌 사회 경제적 구조의 재조정까지 담고 있는 도시이다.

- 도시와 농촌이 결합된 새로운 개념의 저밀도 경관도시로서 그 시대 이전에는 없었던 유토피아적 도시를 뜻한다.

- 전원도시는 대도시의 인구과밀 현상으로 야기되는 여러 가지 문제들을 해소하기 위하여 신도시의 모델로 이용되어 왔다.

- 전원도시는 5,000acre의 농촌지역에 둘러싸인 1,000acre의 도시에 30,000명을 수용하는 개념의 도시이다.

(2) 전원도시의 계획원리

- 전원도시의 계획원리에는 다음과 같은 사항들이 있다.
  - 자연환경 보전과 인간성 회복
  - 도시와 농촌의 결합
  - 중심도시와 적정거리 유지
  - 저밀도 경관중심의 토지이용
  - 커뮤니티 중심의 시설배치
  - 철도중심의 수송체계
  - 사회적 형평성, 자족성 기반의 개발

2-4. 아테네 헌장은 무슨 헌장인가?

(1) 아테네 헌장이란?

● 1933년 그리스 아테네에서 개최된 제4회 근대건축국제회의의 결론인 도시계획헌장이다.

● 1930년대 도시의 불건전하고 불합리한 기능적 상황을 비판하고 전인적(全人的)인 인간상의 측면에서 새롭게 도시와 인간의 관계를 본질적으로 포착함과 동시에 그것을 실현하기 위한 내용을 담고 있다.

(2) 아테네 헌장의 계획원리

● 아테네 헌장에서 제시된 기본계획은 다음과 같다.
  - 도시와 주변지역의 통합계획 및 관리
  - 고층화를 통한 녹지·일조·공공시설 확보
  - 토지이용 및 도로의 기능분리
  - 주거유형별 밀도
  - 직주근접
  - 가치 있는 역사·문화 건축물 보전
  - 전문가에 의한 과학적 계획
  - 휴먼스케일 강조
  - 공공성 우선

2-5. 마추픽추 헌장의 내용은?

(1) 마추픽추 헌장

- 1977년에 발표된 헌장으로 현대 도시계획의 오류, 환경오염·자원낭비 등의 20세기 초반의 도시문제를 바탕으로 공표된 헌장이다.

- 마추픽추 헌장은 계획의 중요성을 강조하고, 주민참여와 다양한 기능의 통합 등을 주장하는 등 계획과정에 역점을 두고 있다.

(2) 마추픽추 헌장의 기본계획

- 마추픽추 헌장에서 제시된 기본계획은 다음과 같다.
  - 자연환경과의 조화
  - 도시계획 측면에서 환경문제 저감
  - 자원을 고려한 도시성장관리
  - 도시와 주변지역의 통합계획 및 관리
  - 대중교통중심의 교통체계
  - 이용자 중심의 커뮤니티 조성
  - 이해 당사자 간의 협력적 개발
  - 사회적 계층 간의 공존

2-6. 도시계획 패러다임 속에서 압축도시(Compact City)는 언제 나타났나?

● 압축도시는 1970년경부터 논의되기 시작하여 지금까지 지속가능도시를 실현하기 위한 전략적 도시로서 자리매김하고 있다.

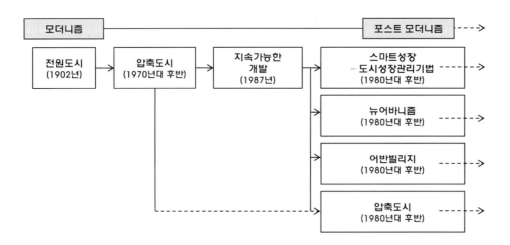

2-7. 압축도시의 개념은 어떻게 흘러왔나?

- 초기 압축도시는 중심지, 역세권 중심의 고밀개발 측면만 고려하다 삶의 질의 향상과 커뮤니티 위주의 개발 필요성이 부각되자 최근에는 자족성, 토지이용 효율화, 에너지 절약, 환경보전 등의 가치들을 포함하는 압축도시로 전환되고 있는 추세이다.

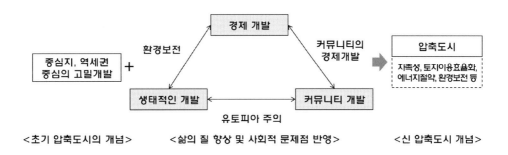

<초기 압축도시의 개념>　　　　　<삶의 질 향상 및 사회적 문제점 반영>　　　　　<신 압축도시 개념>

2-8. 압축도시의 특징과 공간은 어떻게 되어있나?

- 뉴만(Newman)은 호주의 도시를 보다 컴팩트한 다핵도시로 만들어야 한다고 하면서 교통과 도시밀도에 주목하고 있다. 그의 컴팩트 도시는 고밀도, 혼합용도, 연계성을 지녀야 한다는 입장이다.

- 토마스(Thomas)와 커즌스(Cousins)는 공간이용의 고도화, 토지이용의 고도화, 집중된 활동, 높은 밀도 등이 실현된 도시를 컴팩트 도시라고 정의한다.

❖ 압축도시의 기본적 특징 및 공간형태 ❖

커뮤니티의 특성	공간형태
(1) 높은 밀도 　- 높은 인구밀도 　- 높은 주거밀도 　- 높은 취업인구밀도 　- 높은 수준의 건축디자인 　- 높은 수준의 공공디자인	(1) 복합용도 　- 복합적 토지이용 　- 복합적 용도와 건물이용
(2) 다양한 사회계층 혼합 　- 다양한 계층의 혼합(Social-mix) 　　(연령, 사회계층, 성별, 가족형태) 　- 생활방식의 다양성 　- 커뮤니티 거주주민간의 상호교류	(2) 다양성 있는 건물 및 공간 　- 주거, 상업, 업무들이 혼재하므로 다양한 　　건물형태 및 디자인 공존 　- 공공스페이스 활용 및 디자인 중시
(3) 보행중심 　- 보행중심 생활권 　- 극히 제한적인 자동차 이용	(3) 장소성 있는 지역공간 　- 지역의 역사문화 등 장소성 강조 　- 역사적인 장소, 건물, 문화의 보전 중시
(4) 대중교통중심 　- 역세권중심 생활권 형성 　- 경전철(LRT) 등으로 접근성 제공 　- 도시철도·버스 등의 터미널, 정거장 　- 직주근접 실현가능 　- 생활권중심의 생활양식	(4) 공간적 경계 　- 기존도시와 가급적 분리 　- 지형, 녹지, 하천으로 구분 　- 도시인프라(철도, 간선도로 등)로 분리

2-9. 압축도시의 효과와 관련정책들은?

❖ 압축도시의 효과 ❖

자동차이용억제와 대중교통이용증진	교외화 · 난개발 억제	시가지 내 복합용도 개발
– 화석연료소비 감소 – CO_2 감소 – 교통혼잡 감소 – 자동차주행거리 감소 – 교통사고 감소 – 자동차이용공간 감소 – 주차수요 감소 – 대중교통이용 활성화 – 환승센터 조립 – 보행거리 단축	– 도시교외화 방지로 교외의 난개발 억제 – 밀도가 높아져 인프라 확충 · 관리 비용절감 – 단조로운 교외주거지역, 신도시 개발 억제 – 도시재생 등 기존도시정비사업 촉진 – 환경의 질이 높아져 지속가능한 지역형성	– 도시중심부의 활성화 – 도시의 역사성 · 장소성 부각계기 – 고밀도 · 복합이용으로 이동거리 감소 – 다양한 사회계층이 혼재된 커뮤니티 형성 – 높은 밀도로 인해 경제적 효율성 증대

❖ 압축도시 관련 정책 ❖

밀도	기능배치	토지이용	주택	교통
– 인구 – 주택 – 상업시설 – 업무시설 – 문화시설 – 밀도관련정책	– 복합용도 건축 – 재정비시 혼합 토지이용 촉진 – 교통시설(도시철도 등)과 연계된 건축	– 여러 용도의 지역적 균형 – 용도규제 – 민간개발의 종합적 유도 – 기존 도시와의 정합성	– 다양한 주택공급 – 임대주택 공급 – 다양한 계층의 주택	– 자동차억제 – 주차장 축소 – 자전거 이용증진 – 보행시설 개선 · 확충 – 자동차정온화 기법 도입 – 환승시설 – 혼잡세 부과

규제	계획방식	도시디자인	커뮤니티 조직
− 압축도시의 외연화 억제 − 환경용량 내에서 개발 허용 − 규정외의 용도시설 입지 억제 − 도시정책과 연계된 규제	− 전통적근린의 장점 살린 TND − 기존지역의 수복재생 − 대중교통과 일체된 대중교통중심(TOD)개발 − 근린커뮤니티 계획도입	− 우수한 디자인에 의한 도시환경개선 − '랜드마크' 디자인 건물 형성 − 공공스페이스에 공공 디자인 요소 도입	− 계획 · 운영시 시민참여 − 참여자간 '소통적 계획' 방식 도입 − 커뮤니티 활동 강화책 마련 − 파트너십 구성 − 다양한 주체의 조직화 − 지자체와 연계된 계획 수립 · 집행

2-10. 압축도시의 평가기준에는 어떤 것들이 있을까?

● 압축도시의 평가를 크게 공간성, 접근성, 환경성, 자족성의 4개 부분으로 나누어 구체적인 평가지표와 산정식은 아래표와 같이 도출해 볼 수 있다.

❖ 압축도시의 평가지표와 산정식 ❖

대분류	소분류	평가지표	산정식	자료 및 종류
공간성	인구밀도	인구 밀도	인구 / 면적	통계연보(정량지표)
	호수밀도	호수 밀도	호수 / 면적	통계연보(정량지표)
	복합토지이용	주상복합건물 비율	주상복합건축물 / 총 건축물	부동산홈페이지(정량지표)
	공원 면적	1인당 공원 면적	공원면적 / 인구	통계연보(정량지표)
접근성	지역간 연계수단	지역간 대중교통 노선 수	지역간 대중교통 노선 수	관련계획(정량지표)
	보행자 전용도로 면적	1인당 보행자 도로 면적	보행자 도로 면적 / 인구	관련계획(정량지표)
	자전거 전용도로 면적	1인당 자전거 도로 면적	자전거 도로 면적 / 인구	관련계획(정량지표)
	대중교통 노선 수	대중교통 노선 수	대중교통 노선 수 / 도시	관련계획(정량지표)
	환승주차장 면적	환승주차장 면수	환승주차장 면수 / 도시	관련계획(정량지표)
환경성	녹지 접근성	녹지와 거리	동 중심에서 녹지간 평균거리	인터넷지도(정량지표)
	친수공간 면적	친수공간 면적	자연환경보전지역, 자연공원 면적	통계연보(정량지표)
	폐기물 재활용률	폐기물 재활용률	재활용용량 / 폐기물총량	통계연보(정량지표)
	천연가스 버스율	천연가스 버스율	천연가스버스대수 / 총 버스대수	관련계획(정량지표)
	오폐수 처리율	오폐수 처리율	오폐수처리량 / 오폐수 총량	통계연보(정량지표)

자족성	문화시설 면적	1인당 문화시설 면적	문화시설 면적 / 인구	통계연보(정량지표)
	교육시설 면적	1인당 교육시설 면적	교육시설 면적 / 인구	통계연보(정량지표)
	종사자 수	고용 밀도	종사자수 / 면적	통계연보(정량지표)
	의사 수	1인당 의사 수	의사 수 / 인구	통계연보(정량지표)

자료: 김상원, 압축도시 평가모형 개발에 관한 연구, 박사학위논문, 한양대 도시대학원, 2009

2-11. 스마트성장(Smart Growth) 이란?

(1) 스마트 성장이란?

- 미국에서 1960년대와 1990년대 사이의 도시화와 도시의 외연적 확산은 도시의 무질서한 개발과 성장을 가져왔으며, 이로 인하여 자동차 매연은 도시온난화에 큰 영향을 미쳤고, 도시의 무계획적인 확산은 동물의 서식지를 없애거나 훼손시키게 되었다.

- 이러한 도시의 무질서한 확산과 개발로 인한 문제와 피해를 줄일 수 있는 대응방안 중에 하나가 스마트 성장이다. 스마트 성장에서 도시성장의 몇 가지 원칙을 제시하고 있는데 이들 원칙들은 무분별한 교외확산에 대한 치유방안들이다.

- 스마트 성장은 압축개발(Compact Development)과 복합용도개발(Mixed-Use Development)을 근간으로 한 대중교통중심개발(Transit-Oriented-Development)의 지속가능한 토지이용 패턴을 구축해가는 도시개발 방향을 원칙으로 한다.

- 스마트 성장은 기존 도시를 대상으로 대중교통시설과 보행자, 그리고 주거와 상업과 소매업의 혼합 토지이용을 계획의 기본적인 바탕에 깔고 있다. 이와 동시에 스마트 성장은 녹지 등 환경성과 쾌적성이 높은 지구를 보전하는 정책을 장려하고 있다.

(2) 스마트 성장의 목표

- 1990년대 중반 메릴랜드 주지사인 글렌드닝(D. Glendening)은 처음으로 스마트 성장을 근린지구 보전프로그램(Neighborhood Conservation Program)에 주안점을 두었다.

  첫째, 아직 개발되지 않은 자연을 보존한다. 환경오염과 같은 부정적인 외부효과는 적극적으로 규제해야 한다.

  둘째, 계획된 지역의 개발사업의 인프라를 지원하고, 주정부가 가지고 있는 자원을 동원하여 근린지구보전책을 강구한다.

셋째, 부적합한 토지이용이 가져오는 부정적인 영향을 최소화해야 한다: 흔히 님비시설로 일컫는 쓰레기 매립장을 주거지역 등 토지용도가 상충되는 지구에 설치하는 경우이다.

넷째, 긍정적인 토지이용의 영향을 최대화 한다. 토지이용 상호간의 상생(Win-Win)효과를 초래하는 경우에 발생한다.

다섯째, 공공에서 지출하는 비용은 최소화 시켜야 한다. 공공시설과 서비스를 위한 도시 시설의 건설비용을 최소화해야 한다.

여섯째, 사회적 형평성을 극대화해야 한다. 시민들에게 일터, 쇼핑, 서비스, 레져 등에 대한 접근성이 확보되어야 한다. 주택 역시 근린지구 내에서 구입이 가능하도록 하는 등 주민들에게 사회경제적으로 균등한 혜택이 돌아가도록 해야 한다.

2-12. 스마트 성장의 원칙에는 어떤 것들이 있나?

• 도시의 무계획적인 확산을 방지하고 스마트한 성장을 위한 몇 가지 원칙을 보면 다음과 같다.

(1) 근린지구의 보전

① 녹지 공간, 농업용지, 자연경관, 그리고 환경적으로 보존이 필요한 지역을 보존한다.

② 도시를 더 이상 확산시키지 않는다.

③ 개발 지향적 계획을 피하고, 생태계를 고려한 환경계획을 수립하고 실천한다.

④ 주거지에 인접한 녹지지역은 보존한다.

⑤ 에너지 절약을 위한 설계를 한다.

(2) 혼합토지이용의 유도

① 혼합된 토지이용을 유도하되 토지이용의 혼합으로 인한 부의 외부효과를 최소화 한다.

② 토지이용간의 부정적으로 상충되는 용도는 피한다.

③ 토지이용계획 시 보행자와 차를 분리하는 설계를 한다.

④ 해당지구로부터 3~5마일 내에서 직장과 주거를 균형있게 공급한다.

(3) 보행중심의 커뮤니티 구축

① 보행중심의 네트워크를 구축한다.

② 자전거 이용자를 위한 네트워크를 짠다.

(4) 다양한 대중교통서비스 제공

① 대중교통중심 설계를 우선적으로 한다.

② 지구에 알맞은 다양한 대중교통서비스를 제공한다.

③ 대중교통 수단간 연계가 가능하도록 설계한다.

(5) 공공재정비용의 최소화

① 다양한 주거유형을 공급하여 선택의 기회와 폭을 넓힌다.

② 저소득층과 중소득층을 위한 양질의 주택을 공급한다.

③ 일생동안 소득 등의 변화에 따라 구입, 거주할 수 있는 양질의 주택을 공급한다.

④ 순 주거 밀도가 1에이커 당 6~7가구가 되도록 한다.

⑤ 중정(또는 단지 중앙)에 녹지가 있는 집합주택(Clustering House)을 만든다.

(6) 조밀한 근린지구의 조성

① 장소성이 강하면서 매력 넘치는 근린지구의 조성

② 커뮤니티의 공동체의식의 강화

③ 커뮤니티의 각종 개발계획에 대한 예측 가능성의 확보

④ 누구에게나 공평하고, 비용 효과적인 개발사업의 시행

2-13. 스마트 성장의 기본원리 및 구체적인 정책에는 무엇이 있나?

● ICMA(2002)에서는 스마트 성장의 기본원리와 이를 뒷받침하는 구체적인 정책수단 100가지를 제시하고 있는데 〈표〉는 100가지 정책의 핵심정책만 정리한 것이다.

❖ 스마트 성장의 기본원리 및 구체적인 정책 ❖

기본원리	원리를 뒷받침하는 구체적인 정책
토지용도 간 혼합	• 직주근접을 실현하기 위한 주 정부의 기금을 통한 인센티브 제공 • 현재의 개발관련 법률과 공존할 수 있는 스마트 성장법률을 채택 • 복합용도의 커뮤니티와 건물의 개발을 촉진하기 위한 혁신적 조닝수단 이용 • 복합용도 부동산에 대한 금융권의 차별적 대우 철폐 • 용도가 아닌 건물유형에 근거한 용도지역 개념 도입 • 개발업자가 시장의 수요변화에 융통성 있게 대처할 수 있도록 복합적 용도의 조닝채택 • 쇠퇴하는 쇼핑몰과 시 외곽의 상업가로를 복합용도 개발로 전환 • 커뮤니티의 특성을 감안한 복합용도 개발의 성공사례 제시 • 단일용도의 상업지 개발을 도보로 접근 가능한 복합용도의 커뮤니티로 변화시킬 수 있는 기회제공 • 직주근접 및 직주균형을 실현하는 커뮤니티에 대한 보상
고밀건축 설계방식 채택	• 시민과 공무원들이 갖고 있는 고밀개발에 대한 부정적인 이미지들은 주민공청회와 같은 교육기회를 통해 해소 • 고밀개발을 통해 공공오픈스페이스의 규모 확대 및 접근성 제고 • 상업용지 전면에 설치된 대규모 노상주차공간의 축소 • 가로경관과 보행환경을 개선하기 위해 가로폭원과 건물규모간 연계성 강화 • 주 정부는 지방자치단체가 채택할 수 있는 건물설계기준 및 법령의 제정 • 개발업자가 연상면적을 증가시킬 수 있도록 밀도보너스제를 시행 • 고밀개발을 통해 축소될 필지면적에 대해서는 주택 및 정원설계 과정에서 프라이버시 보장 • 지방자치단체가 고밀개발을 유도할 수 있도록 인센티브 제공 • 고밀개발을 장려하기 위한 지역계획 지원

주거기회 및 선택의 다양성 제공	• 신규주택 개발 시 저소득계층의 주택을 일정부분 의무적으로 포함하는 지역지구제 제정 • 비영리법인인 커뮤니티 토지신탁(CLTs)에 대한 지원을 통해 주택구매자들이 선택할 수 있는 폭 확대 • 주거유형의 다양화를 허용할 수 있도록 지역지구제 및 건축법 개정 • 비도시지역에 저렴한 조립식 주택을 건설하기 위한 계획 및 지역지구제 도입 • 다양한 주택소유 형태가 가능토록 공동주택 건설업자 및 비영리단체 교육 강화 • 주택융자(Mortgage)과정에서 대중교통의 접근이 양호한 지역에 대해 인센티브 제공 • 공지 및 방치된 건물에 대한 확인 작업 및 처분프로그램의 실행 • 기존 건축물의 수선(renovation)을 규정하는 건축특별법의 채택 • 광역도시권 차원에서 저렴한 저소득주택을 고르게 분포 • 연방정부의 주택 및 커뮤니티 개발 보조금의 배분과정에서 스마트 성장을 촉진하는 프로젝트 및 프로그램에 대한 우선권 부여
보행에 편리한 커뮤니티 건설	• 현재의 가로 및 보도를 보행에 편리한 구조로 개선하는 커뮤니티에 대해 보조금 및 재정적 지원 • 직장 밀집지나 대중교통시설과 인접한 지역에 중요 서비스 기능을 집중 • 상업지역들을 보행에 편리한 공간으로 만들 수 있는 건축물 설계 • 보행자와 자전거의 안전과 이동성을 확보할 수 있는 설계기준 채택 • 보도에 대한 설계기준 채택 • 주거지역을 통과하는 차량의 속도가 높은 지역에 대한 교통진정기법 적용 • 현재 및 미래의 보도에 대한 미관정비 및 유지 • 장애인들에게 보도, 가로, 공원 등의 공공서비스 및 민간서비스 시설에 대한 접근성 제고 • 수로, 산책로, 주차공간, 녹도의 유기적 연결 • 보행자의 활동을 유도 또는 촉진할 수 있는 상점가 신설
강한 장소성을 가진 차별화 되고 매력적인 커뮤니티 조성	• 근린에 있는 학교를 보존하고 기존 커뮤니티 내에 새로운 학교를 건설 • 기금활용 프로세스와 학교설치 기준을 변경 • 역사적 또는 건축학적으로 중요한 건물의 재활용을 위한 주정부의 세금공제 • 커뮤니티 전반에 대한 식재 및 신개발시 기존 수목의 보존 • 활기 있고 안전한 오픈스페이스의 조성 • 보행로에 대한 서비스를 제공하기 위해 노점상 및 매점을 허용하는 면허규정의 단순화 및 신속한 행정처리 • 시각적 장치 또는 사인을 통해 커뮤니티 및 근린의 경계를 설정 • 상징성이 있는 통신타워의 적정위치 선정 또는 광고게시판에 대한 통제강화를 통해 경관적 조망 보전 • 커뮤니티 주민들간의 상호교류를 위한 기회 제공 • 장소성을 창출할 수 있도록 가로, 건물 및 공공공간이 조화될 수 있는 명료한 설계지침을 제공

오픈 스페이스, 녹지, 자연경관 및 환경적으로 중요한 지역의 보전	• 토지를 구매하지 않고 중요한 사유지를 보호하기 위한 개발권 이양(TDR), 개발권 매수(PDR)와 같은 시장 메커니즘을 이용 • 토지보호와 개발을 위해 지방, 주, 연방의 계획부서간 협력 및 연계 • 오픈스페이스의 수용과 보존을 촉진하기 위해 판매세나 부동산 양도소득세와 같은 세수를 혁신적으로 확대 • 기성시가지 내 낙후지역에 대한 개발을 통해 시가화 경계지역의 보호 및 보전을 위한 지역 개발전략 채택 • 보호되어야 할 오픈스페이스와 개발 가능한 오픈스페이스를 구분하여 미래의 성장을 위한 틀을 제공하는 그린 인프라계획 채택 • 산책로(trail) 및 녹도(green way)의 네트워크 형성 • 토지이용 및 환경특성에 대한 정보수집 및 교육프로그램의 작성 및 실천 • 클러스터 개발조닝 또는 인센티브 조닝과 같은 오픈스페이스를 보호할 수 있는 조닝기법의 개발 및 적용 • 교외농장이나 목장과 같은 농업용 토지를 보호할 수 있는 메커니즘 구축 • 토지를 수용하고 보호하기 위해 비정부기구(NGO)와의 협력관계 구축
교통수단의 다양성 제공	• 토지이용 및 개발과 상호보완적 관계를 유지하는 다양한 교통시스템에 대한 인센티브 제공 및 재정 • 대중교통수단의 영향권 내에 있는 지역에 대해서는 가로의 서비스기준에 대한 변경 • 접속성이 높은 블록의 규모가 작은 근린가로에 대한 연결성 향상으로 교통량 분담 • 교통수단간 연계성 강화 • 대중교통서비스지역에 고밀주거 및 상업개발을 위한 조닝 도입 • TOD(대중교통중심개발)형 도시개발의 도입 • 모든 신개발지역에 보도 설치 • 주차수요를 효과적으로 조절할 수 있는 주차방식 및 토지용도 혼합 • 고용주와의 협력을 통해 출퇴근시설에 혼잡을 줄일 수 있는 프로그램에 대한 정보 및 인센티브 제공 • 현존하는 대중교통시설물을 최대한 활용할 수 있는 근린개발 형태로 전환 • 항만, 공항, 철도역 근처에 화물하역시설의 집단화

자료 : ICMA, 2002, Getting to Smart Growth : 100 Polices for Implementation.

2-14. 뉴어바니즘
(New Urbanism)이란?

(1) 뉴어바니즘(New Urbanism)의 개념

● 뉴어바니즘은 도시의 무분별한 확산에 의한 도시문제(생태계 파괴, 공동체의식 약화, 보행환경 악화, 인종과 소득계층별 격리현상 등)를 극복하기 위한 대안으로 1980년대 미국과 캐나다에서 시작되었다.

● 뉴어바니즘이 추구하는 목표는 "교외화 현상이 시작되기 이전의 인간적인 척도를 지닌 근린주구가 중심인 도시로 회귀하자"는 것이다.

● 1996년 칼소프(Peter Calthorpe), 두와니(Andress Duany), 프래터-지벅(Elesabeth Plater Zyberk) 등 북미의 저명한 도시계획가, 설계자, 교수들을 중심으로 진행되고 있는 이 운동의 행동강령(The Charter of the New Urbanism)이 제정되었다.

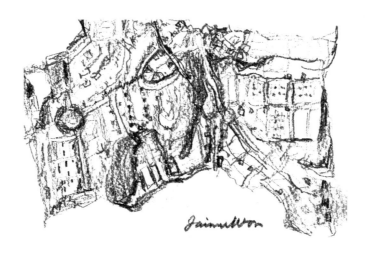

∞ 뉴어바니즘 원리가 적용된 캔드랜드 타운 ∞

계획이론	고전적 설계원칙	뉴어바니즘
하워드의 전원도시	• 사람의 이동거리를 기본 • 풍부한 공공용지 • 대중교통중심 • 대중교통으로 지역연결 • 도시경계부에 녹지띠를 설치	• 도보전 중심의 설계 • 사적공간에 우선하는 공공용지 확보 • TOD(대중교통중심개발) • 지역간 대중교통 연계체계 • 도시 경계부의 녹지(오픈스페이스) 확보
페리의 근린주구	• 도보전에 의한 계획단위 • 물적환경 개선을 통한 사회적 커뮤니티 재생 • 커뮤니티 센터	• 도보전 단위의 설계 • 커뮤니티 단위의 생활권 • 근린주구 중심의 커뮤니티 센터
도시미화운동	• 건물외관과 도시의 조화 • 시빅센터 • 커뮤니티 의식	• 복고풍 건물외관 • 강한 커뮤니티 센터의 형성 • 커뮤니티 공동체 의식

(2) 뉴어바니즘(New Urbanism)의 주요 원리

● 효율적이며 친환경적인 보행도로 조성

　- 일상생활시설은 집/직장에서 도보권내에 위치

　- 보행 친화적 가로 설계 및 보행전용도로의 건설

● 차도 및 보행공간의 연결성 확보

　- 교통분산과 보행의 편의성을 제고할 수 있도록 격자형 네트워크 형성

　- 소로와 중로, 간선도로 등 도로별 위계 구축

　- 보행활동을 즐겁게 할 양질의 보행네트워크와 공공공간 확보

● 복합적이고 다양한 토지이용

　- 단일 필지 내 상점, 사무실, 아파트, 단독주택 등 다양한 시설 배치

　- 다양한 연령, 소득, 문화, 인종으로 구성된 사회적 다양성

● 다양한 기능 및 형태의 주거단지 조성

　- 다양한 유형, 규모, 가격으로 이루어진 주택의 근접배치

- 건축물 및 도시설계의 질적 향상
  - 아름다움, 경관, 편리함, 장소감에 대한 강조
  - 커뮤니티 내 공용도 및 부지에 대한 우선적 고려
  - 휴먼스케일의 건축과 아름다운 주변 환경

- 지역공동체를 위한 거점공간의 마련
  - 근린중심지와 주변과의 차별화
  - 중심부에 공공공간을 배치
  - 오픈스페이스를 예술작품으로 설계함으로써 공공영역의 질적 강화
  - 중심부 고밀도 개발 및 주변부의 저밀도 개발

- 효율을 고려한 토지이용 밀도의 조정
  - 보행접근성을 높일 수 있도록 건물과 주택, 상점, 서비스시설의 근접배치
  - 도시와 마을, 근린을 상호 연결하는 양질의 대중교통 네트워크 구축

- 생태계를 토대로 한 지속가능성의 고려
  - 개발과 운영에 따른 환경파급효과의 최소화
  - 생태학과 자연시스템의 가치를 존중하는 환경친화적 기술의 사용
  - 에너지 효율의 강화
  - 지역생산물의 사용
  - 보행의 촉진 및 자동차 교통의 억제

- 삶의 질적 향상 도모
  - 뉴어바니즘의 주요 원리를 수용한 삶의 질 제고

❖ 뉴어바니즘 적용 미국 도시 사례 ❖

도시/단지명	특징
시사이드	• 다양한 용도의 시설이 공존 • 주요시설에는 도보로 접근할 수 있도록 적당하게 스케일감 부여 • 지역성 고려 • 환경적 요소 감안
마이즈너 파크	• 미국풍의 독특한 건축물 • 기존경관 보호(간판, 건축물 규제) • 중심지의 부재(다운타운이 없음) → '마이즈너 파크'계획 수립 : 중앙녹지, 그 양쪽에 일방통행 차로와 광폭보도 설치, 이와 평행하게 아케이드 달린 쇼핑가 배치 구상

셀레브레이션	• 디즈니가 꿈꿔온 미래의 도시 • 부지 전체의 절반가량을 보전 • 도시 내부 서비스용 차량은 전기 자동차 • 외관 규제(남동부 전통적 도시 스타일 답습) • Walkable City • '도시 가꾸기'를 위한 소프트웨어 제공 • 입주예정자 교육, 주민 커뮤니티 활동지원, 관리조직을 주민에게 이양, 타운내 인트라넷 구축
더 크로싱	• 쇼핑센터 이전적지 • 커뮤니티를 도보권내로 아담한 규모로 계획 • 대중교통 중심, 이들을 철도 등의 네트워크로 연결(TOD, Park & Ride 활용) • 다양한 주거형태 혼합(단독 + 타운하우스 + 중층 콘도미니엄)
빌리지 홈즈	• 자족적 이전적지 • 자전거 녹도 중심 • 자동차 노선의 분리(레드번 시스템 채택) • 주민활동 지원(Social Mix 차원) : 공공관리 · 공동작업기회 마련 • 환경관리 · 보전 • 환경공생(주택 내 태양온수장치 설치)

2-15. 어반빌리지 (Urban Village)란?

(1) 어반빌리지(Urban Village)의 개념

● 어반빌리지 그룹(Urban Village Group, Aldous, 1999)에 의해 제안된 도시형 부락(Urban Village)모형은 영국에 있어 기성 시가지나 교외지역에 도시형 부락을 건설함으로써 기존의 전통적인 개발패턴의 폐해를 방지하고 새로운 도시 개발의 방향을 모색하고자 하는 목적에서 도출된 것이다.

● 사람들이 서로 사회적 교류가 가능한 하나의 커뮤니티를 형성할 수 있는 규모로 계획하되 일상생활에 필요한 시설을 유치할 수 있는 정주공간을 형성하고 도시안에 '마을'을 만들고자 하는데 계획의 목표를 두고 있다.

(2) 어반빌리지(Urban Village)의 계획의 기본원리

● 인구규모는 3~5천명, 면적은 평균 40ha

● 녹지공간, 휴식공간이 커뮤니티 필수시설로 확보되어야 함

● 커뮤니티 밖으로 출근, 통학하는 사람들을 위해 효율적인 대중교통수단을 이용할 수 있도록 하여 승용차 이용을 줄임

● 상점이나 서비스시설과 같은 공적공간을 커뮤니티 중심에 위치

● 다양한 주거유형과 주택점유형태를 혼합

● 학교나 교회와 같은 핵심시설들은 주거지로부터 도보권내에 위치

● 커뮤니티 내에 자체적으로 고용을 해결할 수 있도록 도보로 직장까지 접근할 수 있도록 함

❖ 어반빌리지 적용 영국 도시 사례 ❖

도시/단지명	특징	
파운드 베리	• 휴먼스케일 • Walkable City • 용도혼합 • 주민참여 • 사회계층별섞임(Social Mix)	• 직주근접 • 범죄예방 • 중저소득층을 위한 주거(Affordable Housing)
버밍엄	• 지역 특성 고려 • 환경공생 • 주거밀도의 다양화	• 용도혼합 • 경전철(LRT) • 주민참여
런던 밀레니엄 빌리지	• 에너지 소비절감 주택자재 사용 • 에코파크 • 직주근접(SOHO 이용이 높음) • 중저소득층을 위한 주거 (Affordable Housing) • 사회계층별섞임(Social Mix)	

❖ 지속가능한 계획인 뉴어바니즘과 어반빌리지 설계원리의 종합적 비교 ❖

설계원리 분류	뉴어바니즘	어반빌리지
계획사조가 적용된 장소	미국의 교외지역 (시사이드, 셀레브레이션 등)	영국의 도시내 지구 (런던 도크랜드 등)
사회계층	다양한 사회계층, 연령층의 공존	계층별 섞임(Social Mix) 중저소득층에 주택공급
토지이용	용도 및 기능의 섞음	복합개발
인본주의	인간적 척도 도입	휴먼스케일 중시
개발밀도	다양한 주거유형 혼합적 밀도에 의한 개발	주거밀도의 다양성 확보
접근성	도시 내 시설간의 교류를 도보로 접근	도보권 도시(Walkable City)
교통	도시 내부 서비스 차량, 전기자동차(셀레브레이션) 자동차노선 분리 Park & Ride	대중교통 도보장려
에너지	에너지 절약형 주거단지 환경공생 (주택 내 태양온수장치)	에너지소비절감 주택자재사용 (런던 밀레니엄 빌리지)

2-16. 지속가능한 뉴어바니즘 · 어반빌리지가 적용된 도시설계는 어떤 것인가?

(1) 토지이용 형태

배타적인 구역설정으로 인한 업무 서비스 지역으로부터의 주거지역의 집중	복합이용에 의한 주거, 업무, 서비스지역의 근접
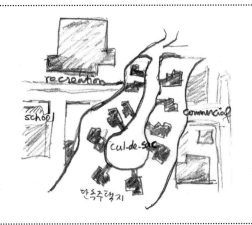	
– 지나친 통행 요구 ; 차량 의존도 증가 – 공동화 현상으로 인한 범죄 증가 　(주간 : 주거지역, 야간 : 업무지역) – 이웃과의 교감 감소 ; 커뮤니티 형성 서비스 지원의 감소 – 높은 통행비용과 교통집중현상	– 보행로내의 커뮤니티 공간 설치 – 유연하고 혼합된 구역설정으로 인한 커뮤니티의 참여 고취 – 지역서비스 지원으로 인한 거주시간의 증가 – 지역민의 고용 증가

2-17. 대중교통중심개발(TOD) 이란?

- 대중교통중심개발(TOD : Transit Oriented Development)는 피터 칼소프(Peter Calthorpe, 1993)가 새로운 도시설계이론인 뉴 어바니즘에 입각하여 지속가능한 도시형태를 추구하기 위한 수단으로 제시한 것이다.

- 도시규모 및 입지에 따라 TOD 모형을 도시형 TOD(Urban TOD)와 근린주구형 TOD(Neighborhood TOD)로 구분할 수 있다.

- TOD 모형의 계획의 전제와 기본원리는 다음과 같다.

계획의 전제	계획의 원리
• 지역적 개발의 규모를 대중교통에 기반 • 주거유형, 밀도, 비용의 적절한 혼합 • 보행친화적인 가로 • 연계교통망의 구축	• 도시 규모 및 입지에 따라 도시형 TOD와 근린주구형 TOD로 구분 • 지역적 개발의 규모는 대중교통기반 형태가 되도록 압축적 개발 • 역세권이나 교통의 정류장 인근의 보행거리 이내에 상업, 주거, 직장, 공원, 공공용지 등이 입지 • 지역적 목적지까지 연결되는 보행친화적인 가로 연계망 구축 • 주거유형, 밀도, 비용의 적절한 혼합 • 양질의 오픈스페이스를 확보 • 공공공간을 건축물 배치와 주민활동의 주요 초점으로 활용 • 기존 근린주구 내의 교통회랑을 따라 개발

1. 뉴어바니즘 도시계획 원칙이 녹색도시에 기여할 수 있는 것들은 무엇인지 논해보자.

2. 스마트성장과 녹색도시 사이에는 어떤 관계성이 있는가? 또 차별점은 무엇일까?

3. 기존 도시의 어떤 문제들이 녹색도시의 당위성을 부추기고 있나?

4. 뉴어바니즘, 어반빌리지, 압축도시 계획개념의 공통점과 차이점에 대하여 설명해 보자.

5. 도시의 패러다임 변화가 도시의 사회적 구조와 경제, 환경에 미칠 영향은 중요하다. 사회, 경제, 환경측면에서 어떠한 변화가 일어날지 이야기해 보자.

6. 압축도시의 커뮤니티 특성이 도시의 공간형태 변화에 미칠 영향력에 대하여 논해보자.

7. 스마트성장의 기본원리 및 구체적인 정책에는 무엇이 있는지 생각해 보고 우리나라 도시에 얼마나 접목되어 계획과 설계가 진행되고 있는지 생각해 보자.

8. 어반빌리지 원리가 적용된 영국의 도시사례를 찾아보고 비평적 시각에서 논의해 보자.

9. 우리나라 신도시에 압축도시 계획원칙을 적용한다면 어떤 계획요소를 반영할 수 있을지 생각해 보자.

10. 지속 가능한 도시계획의 개념을 모더니즘과 포스트모더니즘 맥락에서 이야기 한다면 차별점은 무엇일까?

11. 뉴어바니즘 도시계획원칙이 적용된 미국의 도시에서 미흡한 측면이 있다면 어떤 것들이 있는지 이야기 해 보자.

12. 지속가능도시와 미국식 스마트성장(Smart Growth)간에는 어떤 연관이 있고, 어떻게 해석할 수 있는가?

13. 우리나라의 신도시개발 시 압축도시원칙을 적용한다면 어떤 원칙이 접목될 수 있을지 생각해 보자.

 읽을거리

1. Hall, K. and G. Porterfield, "Community by Design", McGrow Hill, 2001

2. Jacobs, J., The Death and Life of American cities, Vintage, 1961

3. Boston, H., "Going Green by Design", Urban Design, 57, 1996

4. Pratt, R. and P.Larkham, "Who Will care for Compact cities?", in M. Jenkins, E.Burton and K.Williams eds. The Compact City: A Sustainable Urban Form, London E&FN SPON, 1996

5. Graham, H., Developing Sustainable Urban Development Models, Cities 14 no.14, 1997

6. Machart, C. R., "The Sustainable City—Myth or Reality?" T&CP, 1997

7. CABE, What are We Scared of The Value of Risk in Designing Public Space, CABE, London, 2005

8. Girardet, H., Cities People Planet: Liveable Cities for a Sustainable World, John Wiley, Chichester, 2004

9. Kozlowski, M., "The Emergence of Urban Design in Regional and Metropolitan Planning: The Australian Context", Australian Planner, Vol 43, no.1, 2006

10. Landry, C., "The Creative City: A Toolkit for Urban Innovators", Earthscan, London, 1998

11. Murray, C., "Making Sense of Place", Comedia, Bournes Green, 2001

12. Bell, D. and Jayne, M., City of Quarters: Urban Villages in the Contemporary City, Ashgate, Aldershot, 2004

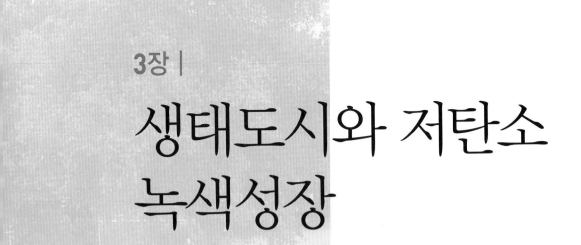

3장 |

생태도시와 저탄소 녹색성장

3-1. 생태도시계획이란 무엇인가?

(1) 생태도시계획 과정이란?

- 순환성, 다양성, 안전성, 자립성의 원칙(철학)에 의해 도시를 계획하는 과정

- 도시민의 건강과 삶의 질을 향상시키고, 건강한 도시생태계를 유지하도록 생태적으로 계획하는 과정

- 자연과 농업과 건물군이 기능적으로 통합되면서 문화와 경관이 생태적으로 살아나고, 보존되는 계획과정

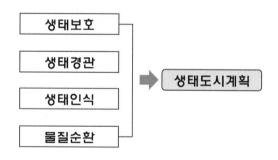

(2) 생태도시계획을 위한 계획 · 설계원칙

- 고밀도, 복합용도, 다양한 소유방식

- 대중교통 중심의 개발

- 보행위주의 계획

- 주민의 안정성, 자립성, 다양성을 배려한 계획

- 재생에너지(태양열, 풍력 등) 보급

- 우수의 재활용

- 도시 및 커뮤니티 주민들 간의 상호협력 및 교류

- 생태적 복지실현을 위한 오픈스페이스(공원, 광장 등) 확보

– 오염 및 폐기물 관리

– 주거지와 연계되는 자연서식처의 창출

(3) 포스트모던 어바니즘과 지속가능한 도시란?

● 1990년대부터 일어나기 시작한 포스트모던 어바니즘은 20세기 모더니즘 도시에 대해 성찰하면서 대안으로 근대도시의 전통을 이어가면서 현대적 도시기능을 접목하는 지속가능한 도시를 주장하게 된다.

● 이 포스트모던 어바니즘 도시에는 기능분리로 인한 커뮤니티 의식의 약화, 자동차 이용으로 인한 교통 혼잡과 대기오염, 장소성의 결여 등의 문제를 완화시킬 수 있는 대안적 도시를 제안한다.

● 이 포스트모던 어바니즘 도시에서는 인간중심의 도시설계, 전통성의 회복, 장소성의 확립, 보행중심, 대중교통중심의 지속가능한 도시를 지향하고 있다.

● 따라서 지속가능한 도시는 전통성의 미흡에서 전통으로의 회귀, 자동차 위주 보다는 보행 및 대중교통 중심으로, 단일 용도의 토지이용보다는 혼합과 복합 등에 무게를 두고 있는 도시이다.

3-2. 생태네트워크 계획이란 무엇인가?

- 무질서한 도시개발에 의해 망가지고 파편화된 서식처와 생태계를 복원하여 생물 다양성을 증진 하려는 계획

```
생태네트워크의 유형  →  ┌ 녹도, 서식처 네트워크
                        ├ 산림 네트워크
                        └ 습지형 네트워크
```

∞ 생태네트워크의 조성 ∞

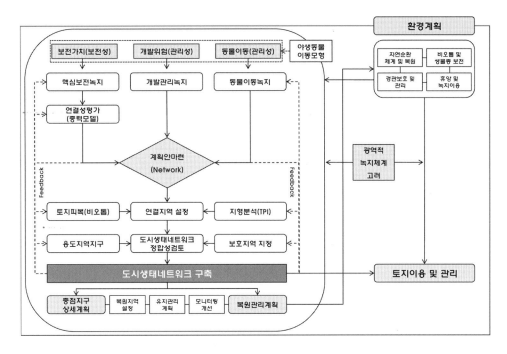

∞ 도시생태네트워크 계획모형[2] ∞

2) 출처 : 박창석 외, 2007, 도시생태네트워크 구축을 위한 토지이용계획 연구, 한국환경정책평가연구원, p.212

3-3. 생태도시의 계획요소에는 어떤 것들이 있나?

● 생태도시건설을 위한 30대 및 10대 핵심 계획요소

구분			계획요소
토지 이용 · 교통 · 정보 통신 분야	토지 이용	환경친화적 배치	자연지형 활용
			지형 변동률 최소화 (완경사지의 선택을 통한 절·성토 면적의 최소화)
			환경친화적인 적정규모 밀도 적용
			오픈스페이스 확보를 위한 건물 배치
		적정밀도 개발	녹지자연도 · 생태자연도 · 임상등급 등의 고려
			지역의 용량을 감안한 개발지역 선정
		자연자원의 보전	생태적 · 배후지 보존으로 자정능력의 확보
			우수한 자연경관의 보전
		오픈스페이스 및 녹지조성	도로변 · 하천변 및 용도지역간 완충녹지 설치
	교통 체계	보차분리	보행자 전용도로 설치를 통한 보행자 전용공간의 확대
			보행자 공간 네트워크화
		자전거이용 활성화	자전거도로 설치
		대중교통 활성화	대중교통 중심의 교통계획(저공해성을 기준으로)
	정보 통신	정보 네트워크를 이용한 도시 및 환경관리	신기술 정보 · 통신 네트워크 확보를 통한 환경관리 및 도시관리

생태 및 녹지 분야	녹지 조성	그린 네트워크를 위한 녹지계획	녹지의 연계성(그린 매트릭스)
			Green-Way 조성
			풍부한 도시공원 · 녹지, 도시림 조성
	생물과의 공생	비오톱 조성	생물이동통로 조성 (에코코리더, 에코 브릿지, 녹도와 실개천 등으로 연결)
			생물서식지 확보(습지, 관목숲 등)
물 바람 분야	수자원 활용	우수의 활용	우수저류지 조성
			투수면적 최대화
		환경친화적 생활하수처리	우 · 오수의 분리처리
	수경관 조성 바람길 이용	친수공간 조성	자연형 하천(실개천, 습지 등) 조성
		바람길의 확보	공기순환(오염물질의 농도 감소 효과) 및 미기후 조절(도시열섬현상 완화)을 위한 바람길 조성
에너지 분야	자연 에너지 이용	청정에너지 이용	LPG, LNG 사용 확대
	재생 에너지 이용	지열, 폐기물 소각열, 하천수열 등의 미이용 에너지 활용	지역의 재생에너지 이용(지열, 하천수열, 해수열, 태양열, 풍력)
환경 및 폐기물 분야	폐기물 관리	자연친화적 쓰레기 처리	쓰레기 분리수거 공간 및 기계시설 · 분리함 설치
어메 니티 분야	경관	도시경관 조성	시각회랑, 스카이라인의 조절 등
	문화	문화 · 여가시설 조성	문화욕구를 충족시킬 수 있는 문화 · 여가시설 조성
	주민 참여	커뮤니티 조성을 통한 주민참여형	주민참여에 의한 지역사회 활동 및 도시관리 유지 방안

자료 : 이재준 외, 2005, 한국형 생태도시 계획지표 개발에 관한 연구, 국토계획 제40권 제4호.

3-4. 녹색성장이란?

- 녹색성장(Green Growth)은 환경(Green)과 경제(Growth)의 상생 개념이다.
  - 2000년 1월 27일 이코노미스트지에서 '녹색성장' 용어 등장
  - 2005년 환경부와 Unescap이 공동 주최한 "아·태 환경과 개발에 관한 장관회의(MCED)"에서 우리나라가 주창하며 녹색성장을 선도적으로 선포
  - 다보스 포럼을 통해 세계적으로 녹색성장의 개념이 알려지게 되었음

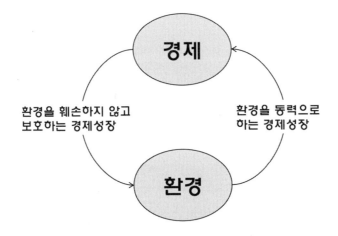

3-5. 녹색성장도시란?

● 녹색성장도시는 환경오염을 방지하고, 온실가스를 최소화하며, 친환경 도시산업을 통해 세계화, 지방화에 따른 도시경쟁력을 강화하는 환경과 경제가 순환하는 도시이다.

   – 저탄소 도시, 녹색성장의 개념이 융합된 새로운 도시 개념으로 이해

   – 환경의 가치 속에서 지속가능한 미래성장을 추구

● 녹색성장도시는 기존의 탄소배출도시를 저탄소 정책 등으로 탄소저감을 실천하는 도시를 의미한다.

3-6. 왜, 무엇이 저탄소 녹색성장인가?

(1) 국가별 재정규모에 따른 온실가스 배출

● 우리나라는 세계에서 10번째로 큰 온실가스 배출국이지만, 아직까지 개발도상국으로 분류되기 때문에 온실가스 배출제한으로부터 자유로운 상황이다.

● 하지만 낮은 지속가능등급, 낮은 에너지 효율, 낮은 대체 에너지 사용비율 등 지속가능 측면에서 매우 뒤처져 있기 때문에 녹색계획으로의 패러다임 변화가 필요한 실정이다.

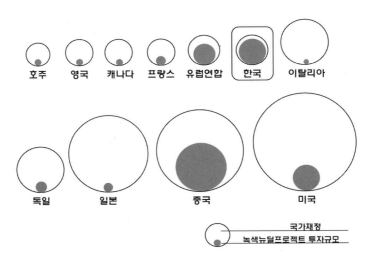

∞ 주요 국가별 재정 대비 녹색프로젝트 투자비율[3] ∞

---

3) 출처 : 파이낸셜 타임즈, 2009. 03.

(2) 녹색성장의 기본개념 이해하기

● 저탄소 녹색성장은 환경을 대표하는 녹색과 경제발전으로 대표되는 성장이 손을 잡는다는 새로운 개념이다. 즉, 온실가스를 줄이는 녹색산업으로 자연훼손과 환경오염을 최소화하고, 이를 다시 경제성장의 동력으로 활용하는 선순환 구조를 의미한다.

● 저탄소 사회는 지구환경보전과 인류의 지속가능 발전을 추구하며, 환경보전과 저소비형사회, 그리고 경제성장으로 이어진다. 이는 새로운 사업기회와 일자리 창출을 통해 국가경쟁력을 증대시킬 것이다.

∞ 녹색성장의 개념 ∞

3-7. 우리나라의 녹색성장 패러다임에는 어떤 것들이 있나?

```
                    ┌─────────────────────────┐
                    │         한국의          │
                    │    녹색성장 패러다임     │
                    └─────────────────────────┘
```

온실가스를 줄이는 저탄소정책	녹색기술의 새로운 성장동력화	고도의 용합기술 정책	에너지 이용 효율을 높이는 정책	국토와 도시, 건축 및 교통 개조
• 에너지 저 소비형 구조로 전환 • 경제성장과 환경훼손의 활동조화 추구	• 녹색기술 및 녹색산업의 새로운 경제성장 추구 • 기후친화산업 집중육성	• 융합 녹색기술 개발 촉진을 통한 수출 산업화 • 자연에너지 이용 그린홈 기술개발	• 국가 및 사회 모든 체계와 구성원의 변혁을 유도 • 세계최고 수준의 자원순환 향상 추구	• 저탄소 녹색성장을 촉진하는 국토·도시 공간 조성 • Green-Infrastructure 구축

3-8. 우리나라의 녹색성장 추진방향은?

(1) 우리나라의 녹색성장 추진방향

신성장 동력확충

- 탈 석유화 · 에너지 자립 구현
  - 신 재생에너지 보급 확대: 2007년 2.4% → 2030년 11%
  - 그린에너지 세계시장 점유율: 2007년 1.4% → 2030년 13%
  - LED 제품 등 고효율 제품시장 확대 추진

- 녹색기술 · 산업의 신성장 동력화
  - 선진국 대비 녹색기술 수준 2007년 50~70% → 2030년 90% 향상
  - 녹색산업 클러스터 구축, 글로벌 스탠더드 선점
  - 녹색기술 및 산업에 대한 세제지원 확대
- 녹색금융 활성화
  - 탄소배출권 거래시장 조기 개설 통한 주도권 확보
  - 민관 공동의 녹색산업펀드 조성 및 운영

삶의 질과 환경개선

- 친 환경적 세제 운영
  - 탄소세 도입 등 국가 주세 체계 개편
  - 자동차 관련 세제, 단계적으로 친환경 세제로 개편
- 녹색 일자리 창출 및 인재 양성
  - 녹색 연구인력, 컨설턴트, 생산자 등 그린 컬러 양성

- 국토공간의 녹색화
  - 탄소 제로 도시 조성 및 그린 오피스 등 추진
  - 철도, 해운 등 녹색 교통의 수송분담률 확대

국가위상 정립

- 생활의 녹색 혁명
  - 녹색생활 수칙, 캠페인 전개 등 국민 참여기반 조성
  - 가칭 녹색마을 만들기 운동 전개

- 녹색성장 모범 국가 구현
  - 올해 중으로 국가 온실가스 감축 목표 설정
  - ODA 녹색화 추진
  - Green Korea Hub 구축(녹색성장 관련 국제기구 유치 등)

1. 생태도시의 해외사례를 찾아보고 일반도시와 어떠한 점에서 차별되는지 논해보자.

2. 생태도시계획 과정은 어떤 과정을 중시하는가?

3. 생태도시를 계획하기 위해 고려해야 하는 계획요소에 대하여 논해 보자.

4. 생태도시건설을 위한 3대 핵심계획요소를 그 중요도에 따라 순위를 매긴다면 어떻게 될까?

5. 녹색성장이 나가야 할 방향을 신성장, 삶의 질, 국가위상 측면에서 생각해 보자.

6. 녹색도시가 조성된다면 녹색도시의 어떤 계획요소가 국가녹색성장에 기여할 것인가?

7. 생태도시와 녹색도시간의 관계는 무엇일까?

8. 녹색성장을 선도하는 그린 산업은 무엇인가? 왜 이러한 산업들이 녹색도시를 만들어나 가는데 있어 중요한지 설명해 보자.

9. 녹색성장에서 신기술은 어떤 것들이 있으며, 이 신기술은 녹색성장에 어떻게 기여하나?

10. 생태도시와 녹색도시의 차이점을 도시계획 패러다임 변화측면에서 이야기 해 보자.

4장 |

녹색도시로의 변화

4-1. 소비도시에서 순환도시로 변모하기 위해서는?

(1) 기존의 도시는 태우고, 버리고, 소비하는 도시

● 도시의 기후변화를 일으키는 주요 원인은 다음 3가지로 특징지을 수 있다.

– 첫째, 화석연료 의존이 높은 건축물, 자동차, 산업체로 인한 대기오염 및 온실가스 배출

– 둘째, 주거단지의 인공지반, 아스팔트 포장 등 불투수 면적의 증가로 토양 내에 수분이 감소하고, 도시의 고층 건물들이 바람의 순환을 방해하는 열섬 현상

– 셋째, 도시개발을 위해 원자재를 소비재로 변형하고, 자연산물을 인공산물로 변경·결합하면서 자연이 유지될 수 있는 한계를 초과

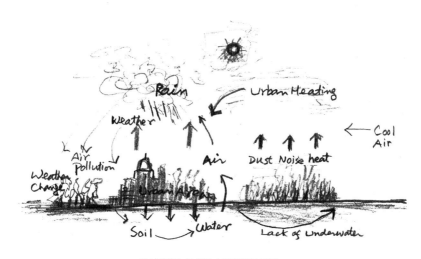

∞ 도시개발과 도시의 순환체계의 문제 ∞

(2) 녹색도시는 보존하고, 재활용하고, 순환하는 도시

● 헤르베르트 지라르테는 생태계 파괴의 문제를 해결하기 위하여 자원을 폐기물로 바꾸는 선형적 물질대사를 자원을 재활용하는 순환적 물질대사로 바꾸어야 한다고 하였다.

● 1980년대부터 등장한 생태도시 모델은 도시에 순환적 물질대사 원리를 적용하려는 노력의 산물이다. 녹색도시란 바로 도시의 선형적 물질대사를 순환적 물질대사로 전환하는 것이다.

● 녹색도시는 재생 불가능한 자원을 보존하고 가능한 한 재생 가능한 자원을 이용한다. 녹색도시는 폐수에서 추출한 바이오가스 등을 연료로 사용하고, 버려진 쓰레기를 재활용하거나 에너지로 사용한다. 그리고 녹색도시는 입력물과 산출물의 사이에 순환적 신진대사가 이루어지는 도시를 의미한다.

4-2. 녹색도시를 만드는 분야와 계획요소들은?

(1) 녹색도시를 만드는 구성요소들

혼합토지이용
대중교통체계
TOD 개발
신재생에너지
물 · 자원 순환시스템
보행 · 자전거 통행
그린네트워크
도시건축디자인
그린홈
그린 빌리지
저탄소 도시구조

➡ 녹색도시

(2) 녹색도시를 만드는 계획요소들

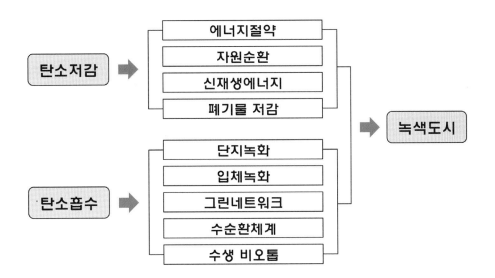

4-3. 녹색도시 기반시설은 어떻게 계획하나?

(1) 녹색도시 기반시설이란?

- 녹색도시 기반시설에는 광장 및 공원 등 오픈 스페이스, 도시 숲, 가로수, 커뮤니티 정원, 도시농지, 옥외 정원, 녹화지붕 등이 포함되며, 주로 이산화탄소 흡수와 미기후 조절기능을 담당한다.

- 녹색도시 기반시설계획의 원칙은 다음과 같다.
  - 녹지와 수변공간, 오픈스페이스를 네트워크화
  - 녹지공간은 생태적 다양성을 수용
  - 여가기능과 홍수방지를 위한 수분 함양 성능을 충분히 확보
  - 하천 · 호수 · 운하 등 수공간 계획은 증발에 의한 냉각 등 미기후 조절효과 고려
  - 도시 가로와 건축물 배치 시 태양에너지의 사용과 그늘의 활용
  - 도로와 주차장 등 대규모 포장면에 열의 흡수가 적고 반사도가 높으며, 투수성이 있는 재료를 사용

∞ 열섬현상 저감을 위한 녹색기반시설의 활용 ∞

(2) 녹색도시 기반시설의 계획과정

● 녹색도시 기반시설의 계획과정은 다음과 같다.

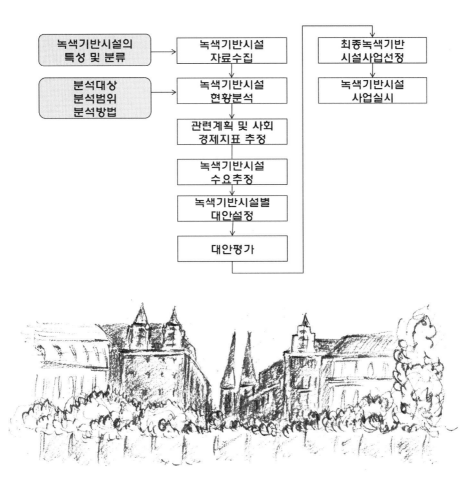

∞ 거리광장, 베를린 ∞

4-4. 대중교통과 녹색교통 중심의 도시개발(TOD)이란 무엇인가?

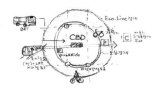

(1) 녹색교통의 중요성과 기본방향

● 교통부문의 이산화탄소 배출량은 전 산업 분야에서는 20~30%, 도시에서는 50~70% 가까이 점유하고 있다. 따라서 교통부문에서의 저탄소 실현은 녹색도시 구현에 있어서 매우 중요하다.

● 녹색교통계획의 기본 방향은 차량통행 수요를 탄소배출량이 적은 대중교통과 녹색교통을 이용하는 수요로 전환시켜 도시지역의 교통체증을 완화하고, 온실가스 및 대기오염물질의 배출량을 줄여 지구온난화에 대응하는 것이다.

(2) 대중교통 · 녹색교통 활성화 방안

● 대중교통 · 녹색교통을 활성화 하려면, 무엇보다도 교통시스템과 도시공간구조가 잘 통합되어야 한다. 이를 위해서는 대중교통 결절점 주변지역을 고밀복합용도개발로 계획하는 대중교통중심개발(TOD)을 해야한다.

● 역세권 지역의 고밀도 토지이용계획을 위해서는 복합용도개발이 핵심요소이다. 이는 단순하게 주거와 상업기능만으로 개발하는 것이 아니라 다양한 기능, 즉, 주거, 상업, 업무, 문화, 공공서비스 등의 균형을 이루도록 해야한다. 지구 내에 보행 및 자전거 등의 녹색교통을 장려하는 방안이 필요하다.

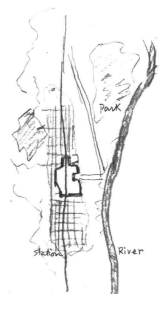

∞ TOD의 개요 ∞

● 대중교통 역세권에서는 차량교통수요를 조절하기 위해 주차장 공급기준을 완화하거나 공용주차장을 계획하여 주차수요를 억제한다. 역세권지역에는 보행친화적 환경을 갖추도록 도로, 공원, 녹지를 연계하는 네트워크를 형성한다. 가로시설 디자인에서도 보행자와 자전거 이용자를 우선 배려하여 디자인해야 한다.

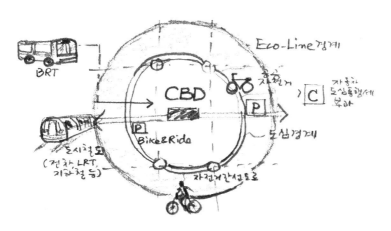

∞ 저탄소 녹색도시 교통체계 개념도 ∞

4-5. 녹색도시 에너지 관리방안은?

(1) 기존 도시의 에너지 공급방식

• 도시에 열과 전기를 공급하는 방식은 크게 광역, 지역, 단지, 개별규모의 에너지공급방식으로 분류할 수 있다.

구분	내용
광역공급	전국에 위치한 한전 발전소에서 광역권별로 전기를 공급하고 지역난방이나 중앙·개별난방 방식으로 열을 공급
지역공급	지역에 설치된 열병합발전 시스템에 의해 열과 전기를 공급받는 시스템
단지공급	단지에 설치된 중앙보일러에서 열을 공급하고 한전에서 전기를 공급하거나 소형 열병합발전 시스템과 중앙보일러에 의해 열과 전기를 공급하는 시스템
개별공급	개별 규모의 에너지 공급이란 한전에서 개별세대에 전기를 공급하고 개별보일러로 열을 공급하는 시스템

• 이들의 공급방식 중 일부는 시스템이 유기적으로 연결되어 있지 않고 각각 독립적인 기능을 수행하면서 도시에 에너지를 공급하기 때문에 어떤 에너지공급시설에서는 잉여 에너지를 버려야 하는 일이 발생한다.

(2) 녹색도시의 에너지

• 미래의 녹색도시 에너지 공급시스템은 도시와 먼 곳에 있는 대형 플랜트에서 열과 전기를 공급하던 기존의 방식과는 달리 다양한 소형의 에너지 공급 플랜트들이 서로 유기적으로 연계되어 수요가 있는 곳에 공급하는 분산형 에너지 공급시스템이다.

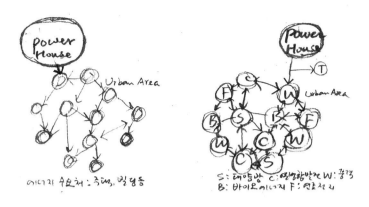

∞ 기존 도시와 녹색 도시의 에너지 공급방안 ∞

(3) 녹색도시의 에너지 공급 시스템

- 열에너지는 도시가스와 음식물 쓰레기로부터 추출된 메탄가스를 열원으로 하는 열병합발전 시스템과 연료전지, 태양에너지를 이용한 태양열 시스템, 가연성 폐기물을 연소하는 소각로에서 생산된다.

- 전기에너지는 열병합발전 시스템, 연료전지, 태양에너지와 풍력발전에 의해 생산되어 각 수요처에서 원하는 형태의 질 좋은 전력으로 공급된다. 전기를 생산할 때 발생되는 열에너지는 수요자가 난방, 급탕, 냉방에 사용할 수 있도록 온수와 냉수를 만들어 공급한다.

시스템 종류	에너지원	공급에너지		
		온수	냉수	전기
열병합 발전시스템	가스	○		○
태양열 시스템	태양	○		
태양광 시스템	태양			○
풍력 시스템	바람			○
연료전지 시스템	음식물 쓰레기에서 추출된 가스	○		○
소각열 시스템	가연성 쓰레기	○		
냉방 시스템	전기, 가스, 지열, 온수		○	

● 도시에서 필요한 에너지를 공급하기 위해 자연에너지와 쓰레기·화석에너지를 이용하는 시스템들이 서로 유기적으로 구성되어 수요처에 에너지를 공급하는 도시의 에너지 망은 다음과 같다.

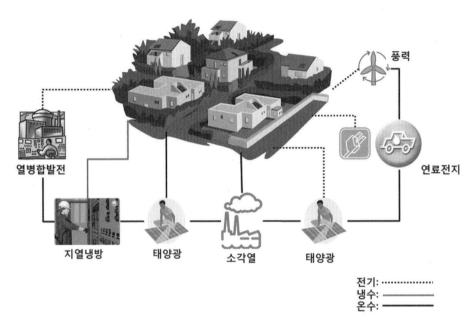

∞ 녹색도시의 에너지 공급 시스템 ∞

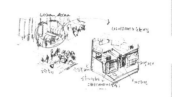

4-6. 녹색도시와 바이오매스

(1) 바이오매스란?

- 도시에서는 주거, 상업지 등에서 음식물 쓰레기가 발생하고 공원, 녹지 등에서는 폐목재, 식재 등의 식물 잔재물이 발생된다. 이러한 음식물 쓰레기, 폐목재, 식재, 폐식용유 등의 폐기물이 도시의 주요 바이오매스이다.

- 바이오매스는 열화학적 변환기술과 생물학적 변환기술을 통하여 에너지로 변환되어질 수 있다.

- 바이오매스의 종류는 농림수산자원, 폐기물, 생물 바이오매스로 분류되며, 다음과 같다.

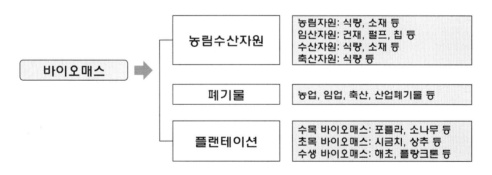

∞ 바이오매스의 종류 ∞

(2) 바이오매스 순환 녹색도시

● 바이오매스 순환 녹색도시에서는 기존 도시와는 달리 쓰레기 운반과 소각이 불필요하며 폐기물처리장 규
  모나 기능이 축소되는 등 친환경적이며 탄소중립도시로 탈바꿈된다.

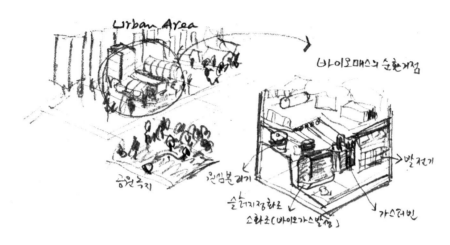

∞ 바이오매스 순환 녹색도시 ∞

4-7. 녹색도시의 물순환계획은 어떻게 이루어지나?

(1) 도시의 물순환

- 도시의 물 환경계는 크게 빗물, 하천, 지하수 및 증발산에 의한 도시 수문 순환과 도시 상하수의 공급·소비, 이송에 의한 수도 순환으로 이루어진다.

- 도시화로 인한 물순환 체계의 왜곡은 열섬현상과 열대야의 발생 등을 증가시켜 도시 열순환 체계의 왜곡으로 이어진다. 도시의 물 및 열순환 체계의 변화는 냉방 등 도시에너지 소비량의 증가와도 연결된다.

- 물순환이 건전한 도시는 하천의 건천화 방지, 비점오염 부하 저감, 지하수 함양, 토양환경 유지, 친환경 대체수자원 확보 및 도시용수 자족성 증대, 증발산량의 증가, 열섬현상의 완화와 도시 냉각 및 도시 대기 정화 기능 등을 자연스레 수행하는 쾌적하고 안전한 도시다.

∞ 도시의 물순환 개념도 ∞

(2) 도시화로 인한 물순환

- 도시화로 인한 빗물 순환 왜곡은 기후변화로 인한 강우 편중, 가뭄 등과 겹쳐 도시물 순환계의 이상현상을 더욱 가속화시킨다.

- 자연상태에서 건전한 빗물 순환은 유출 10%, 침투와 증발산 40~50% 수준을 나타낸다. 그러나 도시화가 되면 유출 55%, 침투 15%, 증발산 30%의 수준으로 빗물 순환계에 일대 변화가 일어난다.

- 도시화가 진전될수록 녹지는 감소하고 포장면적은 증가하여 빗물이 토양으로 침투하거나 머물지 못한다.

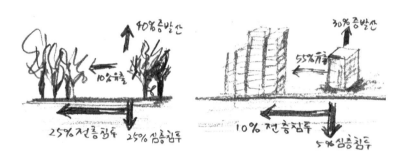

∞ 도시개발 이전·이후의 빗물순환 ∞

- 기존 도시의 상하수도 시스템은 가정용수·생활용수 등을 공급하는 상수도와 사용 후에 나오는 하수와 빗물을 우리 주변에서 배제하여 정화시키는 하수도로 구분된다. 하지만 이러한 시스템의 문제는 도시생활에 필요한 수량을 도시 내 또는 근교에서 확보하기 곤란하고 사용 후 하수를 재활용하지 못하는 문제점을 지니고 있다.

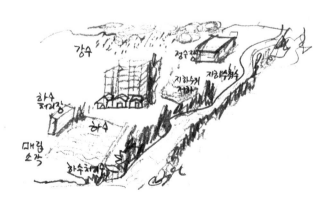

∞ 기존 집중형 하수 시스템 ∞

(3) 미래의 녹색도시 물순환

● 기존의 집중형 상하수도 시스템은 도시용수의 자족성에 취약하다. 하지만 분산 공유형 상하수도 순환 시스템은 하수를 버리지 않고 재활용하는 시스템이다. 녹색도시의 물관리를 위해서는 분산 공유형 상하수도 시스템으로 전환하는 방안을 검토해야 한다.

● 또한 녹지공간을 이용한 자연형 인공습지 처리 및 친수시설과 연계하고 도시에서 사용 가능한 빗물, 대형 건물 지하수 유출수 및 중수 등 모든 수자원을 통합할 필요가 있다.

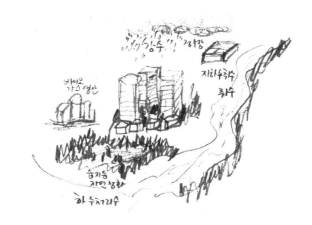

∞ 미래의 분산공유형 상하수 시스템 ∞

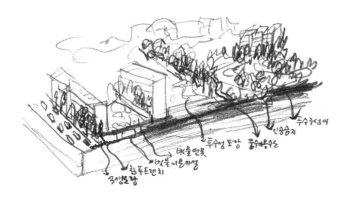

∞ 건전한 물순환 도시의 미래상 ∞

4-8. 녹색도시 공간구조와 관련된 정책들은?

(1) 분산집중형 도시

● 고밀 압축도시와 분산 도시를 아우르는 도시공간구조의 대안으로 분산 집중형 도시가 현실적이면서 실천 가능한 대안이 될 수 있다.

● 분산집중형 도시공간구조가 도시공간구조 5개 유형, 즉 도심개발 집중형, 신도시개발형, 방사선도로 중심의 고밀선형개발형, 도시내 간선도로 중심의 고밀 선형개발형, 도심 중심의 분산 집중형 중에서 에너지 절감 효과가 가장 높은 것으로 나타났다(Richaby, 1992).

(2) 대중교통중심개발(Transit-Oriented Development: TOD)도시

● 주요 철도역이나 대중교통 정류장을 중심으로 한 역세권을 고밀 개발함으로써 저탄소 녹색도시를 구현 할 수 있다.

● TOD 도시는 역세권에 복합용도 시설을 도입함으로써 교통수요를 줄이고 통행시간을 단축시킬 수 있어서 저탄소 녹색도시에 기여하게 된다.

4-9. 국내외 녹색도시계획의 대표적 사례는 어떠한가?

(1) 이산화탄소 제로 마스다르 신도시계획

● 아랍에미리트(UAE)의 연합수도인 아부다비에서 동쪽으로 17km 사막에 아부다비시가 220억달러(29조원)를 들여 공사하고 있는 마스다르 녹색신도시를 살펴본다.

238MW 발전소 연간 가동	태양광 위주 전력 생산

• 석유로 전력 생산할 경우
  → 이산화탄소 배출량 32만 6000톤
  → 석유소비량 50만 배럴(연간 3388만 달러 소요.
    1배럴=68달러 기준)
 	
• 석탄으로 생산할 경우
  → 이산화탄소 배출량 41만 3000톤
  → 석탄 소비량 15만 4000톤(연간 972만 달러 소요.
    1톤=63달러 기준)
	• 이산화탄소 배출량 0톤
	  → 태양광 82%, 지열과 폐기물 활용 17%,
	    풍력 1%
	
	• 주택 등 건물
	  → 박만 태양전지를 지붕과 벽의 소재로
	    사용. 자연 통풍이 용이하도록 건물과 길,
	    녹지 배치. 태양열을 이용한 냉방시스템
	• 교통
	  → 무인전기자동차, 전기버스, 경량철도
	• 거리
	  → 보행자와 자전거도로 위주 설계
	• 물
	  → 샤워기에 센서 부착. 80% 이상 재활용
	• 에너지
	  → 유비쿼터스 센서를 부착해 시민의 에너지
	    사용량 확인

(2) 독일의 림시의 녹색 신도시계획

● 독일의 림시는 Compact(토지절약형 개발, 입지의 특성을 고려한 밀도)-Urban(다양한 기능의 혼합과 거리단축)-Green(녹지 및 어린이 놀이광장 확보와 자연생태면적 가치성 향상)을 복합적으로 반영한 컴팩트 도시계획개념을 녹색도시계획으로 실천하고 있다.

● 림시의 도시개발원칙은 다음과 같다.

> 자연적 입지조건을 고려
>
> 기존의 자원을 최대한 절약하고 효율화
>
> 기능 및 토지이용의 다양성 및 혼합, 유연성 고려
>
> 고품질 주거를 전제로 건축 밀도를 고려
>
> 건축방식의 간소화, 친환경 및 저비용을 고려
>
> 이용자의 편리성, 친환경적 & 효율적인 기술적용

∞ 독일 림시의 녹색도시개발원칙 ∞

● 림시는 기후변화와 에너지 문제를 해결하기 위해 지열, 지하가스, 태양열을 분산 열병합시스템으로 구축하여 에너지를 공급하고 있다.

● 도시 열섬현상이 발생하지 않도록 녹지 및 바람길 계획을 토대로 단열건축을 도입하고 일조 및 채광을 고려한 단지와 건축물 배치를 하고 있다.

● 이로 인하여 림시는 지속 가능한 녹색도시를 실현해 나가는 동시에 기후변화의 주된 원인이 되고 있는 탄소배출을 기존 도시보다 반 이상으로 저감하는 효과를 보이고 있다.

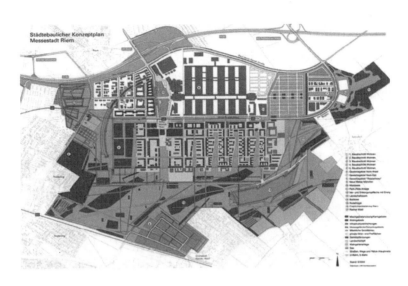

∞ 독일 림 신도시계획 ∞

(3) 중국 충밍섬 둥탄신도시

● 중국은 상하이 인근의 충밍섬 둥탄 지역을 2001년부터 친환경 에너지 신도시로 건설하고 있다. 2040년 완공되면 우리나라 분당 신도시의 네 배가량인 땅(86km²)에 50여만 명이 살 수 있는 생태도시로, 같은 크기의 다른 도시보다 이산화탄소 배출량이 연 40만톤씩 적도록 설계됐다. 또 에너지소비량은 60%, 폐기물량은 83%, 하수 배출량은 83% 줄어든다.

● 이 신도시가 완공되면 전기나 수소 동력 차량만 시내운행이 허용된다. 일반 차량 운전자는 시 외곽에 주차한 뒤 자전거를 타거나 대중교통 수단을 이용해 시내로 들어와야 한다. 에너지는 태양광과 풍력, 바이오연료, 폐기물 재활용 연료를 통해 공급된다(중앙일보, 2008. 10).

(4) 우리나라의 저탄소 시범도시

지역	내용
서울특별시	지구환경팀 설치, 친환경에너지 선언 발표
서울특별시 영등포구	온실가스 배출요인 및 배출량 조사
서울특별시 성동구	기후보호계획수립을 위한 가이드라인 발간
경기도	탄소중립 관련 T/F팀 구성
경기도 평택시	신재생에너지 시범도시
제주도	탄소포인트 제도 시행
광주광역시	에너지, 교통수송, 폐기물, 농업축산, 도시건축분야별로 온실가스 감축시책 마련

이야깃거리

1. 소비지향적 도시개발이 도시의 순환체계에 가져오는 문제점에 대하여 생각해 보자.

2. 보존하고 재활용하고 순환하는 도시로 개발하기 위하여 고려해야 할 계획요소는 무엇인가?

3. 녹색도시를 지탱하기 위한 주요 기반시설에 대하여 찾아보고, 계획과정을 설명해 보자.

4. 녹색교통 중심의 도시로 활성화하기 위한 방안을 친환경버스, 자전거도로, 신교통수단 측면에서 생각해 보자.

5. 기존 도시의 에너지 공급방식이 왜 문제인지 논의해 보자.

6. 녹색도시의 에너지 공급 시스템을 구상해 보자. 기존 도시의 에너지 공급방식과 어떤 차이점이 나타나는가?

7. 순환도시계획차원에서 바이오매스가 왜 중요한가?

8. 미래의 녹색도시 물순환계획에서 제일 중요한 점은 빗물, 지하수, 유출수, 중수 등 모든 수자원을 버리지 않고 재활용하는 것이다. 물순환 도시의 미래상에 대하여 논의해 보자.

9. 도시의 기후변화를 가져오는 주요 원인과 지속 가능한 녹색 커뮤니티 차원에서 생각해 보아야 할 해결책에 대하여 논해보자.

10. 해외 녹색도시 개발사례를 살펴보고, 우리나라에 도입 시 반영할 수 있는 시사점에 대하여 이야기 해 보자.

11. 대중교통 중심개발(TOD)이 녹색도시공간구조에 어떤 영향을 미칠까?

12. 녹색도시를 향한 궤도교통수단은 어떤 것들이 있으며, 이들 교통수단이 어떻게 녹색도시에 기여할 것인지 생각해 보자.

13. 교통혼잡구역에 대한 녹색도시 측면의 교통전략을 도출해 보자.

14. 자전거 이용활성화에 걸림돌이 되는 요소는 무엇인가?

15. 친환경도시, 생태도시, 녹색도시의 공통점과 차이점에 대하여 이야기 해 보자.

16. 기존의 도시들이 녹색도시가 되려면 어떤 계획요소, 정책, 전략이 우선적으로 고려되어야 하나?

17. 지속가능성이 녹색도시에 주는 시사점은 무엇인가?

5장 |

저탄소 에너지효율의
녹색도시

5-1. 저탄소 에너지효율의 녹색도시란 어떤 도시인가?

(1) 탄소중립도시의 개요

- 기후변화의 원인인 온실가스를 줄이기 위해 신재생에너지를 도입하여 운영하는 도시이다.

- 기온상승에 따른 피해를 막기 위해 세계 각국에서는 온실가스 배출 감축대책으로 교토의정서를 채택하는 등 대응책을 마련하고 있다.

(2) 시스템 설치 및 운영방식

- 탄소중립도시에는 이산화탄소를 배출하는 화석연료 사용이 억제된다.

- 탄소중립도시에는 태양광, 태양열, 지열, 수소연료전지 등 다양한 신재생에너지 설비시스템이 설치된다.

- 석유차량은 줄이고 무공해 천연가스 차량을 확대보급하며, 도시내 청정환경을 유지하기 위한 방안으로 차량진입을 차단, 자전거가 그 자리를 메우게 된다.

- 녹지공간을 조성하며 불가피하게 발생하는 탄소를 흡수한다.

5-2. 국가별 녹색뉴딜정책과 그린 컴퍼니

(1) 해외 주요 국가별 녹색뉴딜정책

국가	주요 정책내용			
미국	친환경 SOC 투자	녹색산업 육성	청정에너지	그린홈
영국	철도	신재생에너지	전기자동차	
프랑스	철도	에너지절약형 건물		
일본	녹색산업시장 육성	하이브리드 자동차		
한국	녹색교통망 구축	4대강 살리기	신재생에너지	

(2) 녹색성장을 선도하는 글로벌 그린컴퍼니

기업(국가)	생산제품	사업현황 및 친환경정책
(덴마크 베리타스)	풍력발전기	• 자동차 · 조선 · 건설 부품생산에서 업종변경 성공 • 세계 풍력발전시장 점유율 23%로 선두주자 • 덴마크 정부의 적극적인 정책지원 • 올해 매출액 26% 성장 예상
(일본 도요타)	자동차	• 1992년 도요타 지구환경헌장 제정 • 2007년 도요타 글로벌 비전 2020 발표 • 배출가스 감축, 환경관련 신기술 개발 • 하이브리드 자동차 150만대 생산
(러시아 가즈프롬)	천연가스	• 탄소 배출권과 연계한 수출전략 • 이산화탄소 감축으로 20억파운드 탄소배출권 확보 • 유럽의 발전업체들에게 천연가스와 함께 판매
(네덜란드 필립스)	LED조명	• 세계 3대 조명기기 업체 • 발광 다이오드(LED) 조명기술개발에 적극 투자 • 암스테르담시의 도로보안등 LED교체 작업 • 유럽내 25개 도시에 LED조명 교체 예정
현대중공업	풍력발전기	• 태양광 사업 진출 이어 풍력발전기사업 진출 • 풍력발전 분야에 3,000억원 투자
LG전자	태양전지	• 2010년 말까지 2,200억원 투자 • 연산 240MW 규모의 태양전지 생산라인 구축
포스코	연료전지	• 연료전지를 그린에너지 신사업으로 육성 • 연산 50MW급 발전용 연료전지 생산공장을 가동 • 2013년까지 7,000억원을 투자
현대/기아차	자동차	• 수소연료전지차량을 2012년까지 실용화 추진

5-3. 온실가스를 줄이는 저탄소 정책은 어떤 것들이 있나?

(1) 녹색기술의 새로운 성장 동력화

● 온실가스 감소, 환경친화성 증가시키는 녹색기술 및 녹색산업의 새로운 경제성장 추구

– 녹색기술의 범위(예)

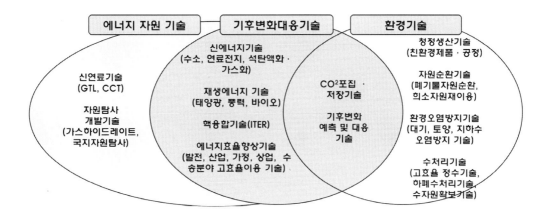

(2) 온실가스를 줄이는 저탄소 자동차 정책

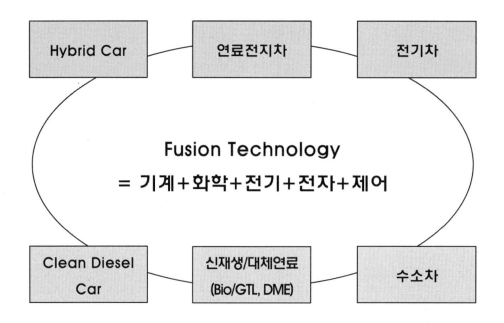

5-4. 녹색성장을 위한 국토와 도시, 건축 전략은?

(1) 저탄소 녹색성장을 촉진하는 국토 · 도시공간 조성

- 기존도시 관리 및 재생, 신도시 개발은 Compact City형 공간구조 지향
- 공원 · 친수공간 확대, 대기질 개선을 통한 생태기반 녹색성장도시 조성

(2) 저탄소 · 친환경 Green-infrastructure 구축

- Green highways 정착, 대중교통수단 및 자전거 도로 확대, 그린카 상용화
- 저탄소 · 친환경 교통물류체계 제도적 기반 마련

(3) 신재생에너지 활용한 그린홈 · 그린빌딩 확대

- 저에너지 친환경 공동주택 및 초고층빌딩 확대
- 친환경 건설기술 통한 기존 에너지 소비량 40~50% 저감
- 에너지 사용 줄이고, 필요한 에너지는 태양열, 지열, 풍력 등 활용

5-5. 녹색도시를 위한 도시 교통정책들은?

(1) 교통과 토지이용 연계개발을 통한 공간구조 조성

- 접근로, 노선의 위치와 역배치 등은 지구계획과 연계하여 계획

- 대상지역의 토지이용에 따른 이동특성을 고려하여 교통체계 구축

- 이동성 및 접근성 향상을 통한 도시 활력 부여

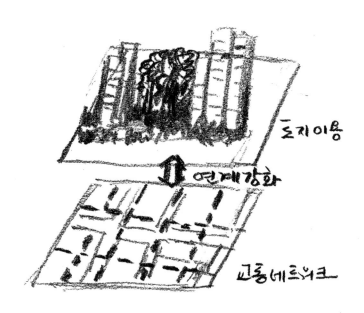

(2) 압축도시(Compact City)와 대중교통지향형(TOD) 도시 건설

- 친환경 교통체계이며, 도시간 교통망인 고속철도를 활용

- 지역간 교통 및 도시내부 연계에 따른 에너지 소비 최소화

- 역세권 거점별 압축도시로 개발

(3) 도심재생, 녹색교통 활성화 등 지속가능한 삶의 터전 마련

- 에너지 절약적인 도심재생 전략 시행

- 도시외곽순환 광역교통망 확충을 통해 통과교통 배제

- 도로에 대한 대규모 투자(간선도로) 중심에서 생활교통(보도 및 생활가로)을 위한 투자로 변경

(4) 대중교통 서비스 개선축에 혼잡통행료 부과

- 광역 급행철도, 광역 BRT 등 광역 대중교통 서비스 수준이 개선되는 축에 대해 Corridor-Based 혼잡통행료 도입

(5) 대중교통 활성화를 위한 시설 개선

- 복합 환승센터의 설치 및 확충

- 도시철도시설 개선 및 신교통 수단 도입

- 버스정류소 시설개선 및 첨단안내정보 시스템 설치

- CNG 버스의 확충

- 중앙버스전용차로의 확대설치 및 운영

- 버스우선신호체계 도입

5-6. 녹색도시를 위한 도시계획 과정

- 저탄소 녹색도시계획은 우선 도시별로 현재 온실가스가 얼마나 배출되는지를 분석한다.

- 도시별로 장래 온실가스 배출량에 대한 예측을 한다.

- 장래 온실가스 배출량을 토대로 목표량을 설정한다.

- 온실가스를 줄이기 위한 다양한 전략을 수립한다.

- 다양한 전략을 수립한 후 집행하고, 그 결과를 수시로 모니터링 한다.

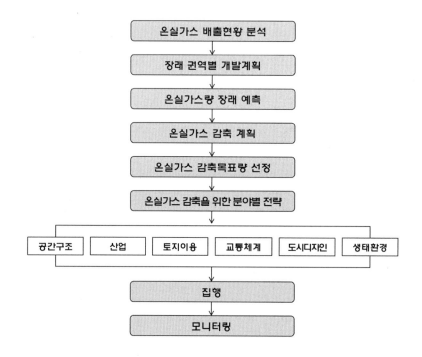

5-7. 녹색도시계획은 무엇인가?

(1) 전통적인 도시와 녹색도시의 도시계획 방향과 목표

- 전통적인 기존 도시에 비해 녹색도시계획은 건물의 배치와 설계에 있어 무엇보다 에너지 효율성을 강조하며, 태양열, 풍력 등 지속가능한 자연 에너지 도입을 추구한다.

- 도시에서 발생하는 생활폐기물들은 폐기장에 그대로 매립하는 것이 아니라 자원 재활용 시스템을 이용하여 최대한 매립량을 줄이도록 한다.

- 교통측면에 있어서는 현재의 화석연료 위주의 교통수단을 전기, 친환경 등의 에너지를 함께 사용하여 CO_2 배출량을 최대한 줄이고자 하는 것이 추구하는 목표이다.

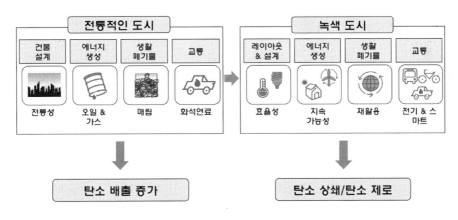

∞ 전통적인 도시와 녹색도시의 계획 차이 ∞

(2) 녹색도시계획의 수립방향

● 향후 녹색도시 계획과정의 표준화를 위한 흐름을 살펴보면, 다음 그림과 같은 과정에 따라 계획의 방향을 정할 수 있을 것이다.

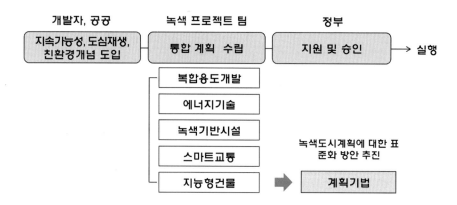

5-8. 녹색도시의 계획원칙은?

(1) 녹색도시공간구조

● 자가용 중심의 도시구조를 대중교통 중심으로 전환

● 직주근접을 통해 통근거리 최소화

● 복합용도개발(주거, 상업, 업무 등)을 통해 이동거리 최소화

● 유비쿼터스 기반을 통해 효율적인 도시관리체계 마련

● 도시내 바람길 확보를 통해 도시열섬현상 방지

● 적절한 녹지공간 확보를 통해 탄소흡수능력 확보

(2) 녹색교통체계

● 도시내 교통망을 탄소저감 및 유해가스가 없는 녹색교통망으로 대체

● 대중교통 네트워크 확대 · 발전

● 대중교통망에 대한 접근성 향상

● 사용자 중심의 지속가능한 대중교통망 정책 유지

● 대중교통이 운행하지 않는 시간(야간)에 대한 대책 마련

● 차후 기술개발과 확장가능성을 고려한 대중교통망 계획

● 긴급차량(소방차, 응급차 등) 운행을 고려한 비상대책 마련

(3) 녹색성장산업

- 녹색성장산업간 물과 에너지 교환을 위한 자원순환 네트워크 형성

- 이윤창출과 경제성에 기초

- 기업, 대학, 연구소, 관공서 등 혁신클러스터 형성

- 녹색성장산업에 관한 신규창업 Incubator 역할 수행

- 지역별 녹색성장산업을 특화하여 R&D 거점 구축

- 지역관광자원과 연계된 녹색관광 상품 개발·홍보

- 주거단지와 연계하여 직주근접 체계 구축

(4) 녹색에너지

- 지역특성(일조, 풍량 등)을 고려한 신재생에너지 확보방안 마련

- 전력생산, 에너지 효율 증대, 에너지 사용 절감 등의 구체적 방안 마련

- 공공시설(주차장 등)의 모든 공간은 신재생에너지 발전시설로 적극 활용

- 옥상, 벽면 등의 자투리 공간을 활용하여 신재생에너지 발전시설로 적극 활용

- 전기·하이브리드 자동차 등 이용 장려 정책 마련

- LED 신호등 등 에너지 효율이 높은 전기제품 사용

- 음식물 쓰레기, 나무찌꺼기 등 활용방안 마련(자원순환, 바이오매스 활용)

(5) 녹색건축

- 건축물은 남향배치를 통해 태양에너지 활용 극대화

- 고단열 자재 및 삼중창을 통해 벽체 및 개구부 단열효과 극대화

- 자동환기시스템 등을 통해 내부공기 순환(폐열회수시스템 반드시 적용)

- 태양열, 지열 등을 활용하여 냉·난방에너지 효율 극대화

- 태양광, 풍력 등 신재생에너지를 활용하여 전력생산

- 주변지역에서 생산된 건축자재사용으로 건설단계 물류 이동 최소화

- 옥상 및 벽면녹화를 통해 외부 복사열 방지

5-9. 온실가스 저감정책의 영향평가과정은?

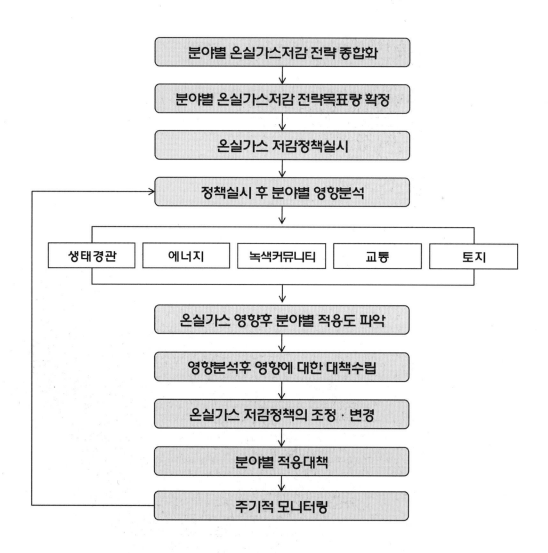

분야별 온실가스저감 전략 종합화

분야별 온실가스저감 전략목표량 확정

온실가스 저감정책실시

정책실시 후 분야별 영향분석

생태경관　에너지　녹색커뮤니티　교통　토지

온실가스 영향후 분야별 적응도 파악

영향분석후 영향에 대한 대책수립

온실가스 저감정책의 조정·변경

분야별 적용대책

주기적 모니터링

5-10. 온실가스 저감영향 분석과정은?[4]

(1) 분석과정

● 한국형 녹색성장 모델도시 조성을 통한 CO_2 저감효과를 3단계 과정을 통해 분석 실시

① 기존도시 CO_2 배출량 산출

● 기존도시를 가계* 수송 · 폐기물 · 산업 부문으로 구분하여 에너지 사용량과 CO_2 배출량 산출

*가계부문은 열수요량(난방, 급탕), 냉방 전력사용량, 전력사용량 등으로 구분하여 산출

<원단위 기준>

에너지사용계획 협의제도 개선방안 연구(에너지 연구원, 2002. 9)
건축물의 에너지 절약 설계기준(건설교통부 고시 제 2004-459) 등

② 녹색도시 CO_2 저감량 산출

● 한국형 녹색성장 모델도시 실현수단
(녹색도시구조, 녹색교통체계, 녹색성장산업, 녹색에너지, 녹색건축)
반영시 에너지 및 CO_2 저감량 산출

<원단위 기준>

IPCC (기후변화에 관한 정부간 패널) 환산계수 등

③ 녹색도시 경제효과 분석

● 기존도시 대비 녹색도시의 에너지 및 CO_2 저감량을 경제적 가치로 환산
● 원유수입 절감효과, 탄소배출권 거래효과 검토

---

4) 한국토지공사, 한국형 녹색성장 모델도시, 2009 참조 및 재구성

(2) 에너지저감 및 CO_2 감축효과

- 에너지 저감량 : 58만 TOE/년 (약 56% 저감)

- CO_2 감축량 : 116만 CO_2 ton/년 (약 70% 감축)

구분	실현수단	(비교) 기존도시		한국형 녹색성장 모델도시			
				에너지 저감		CO_2 감축	
		에너지 사용량 (TOE/년)	CO_2 발생량	저감량 (TOE/년)	저감률(%)	감축량 (CO_2, ton/년)	저감률(%)
녹색 도시구조	압축도시, TOD 복합 토지이용	169,077	217,499	51,409	5.0	81,471	5.0
	공원녹지, 옥상녹화, 실개천 조성, 바람길			30,845	3.0 (9.2)	48,883	3.0 (9.3)
	유비쿼터스 기반 도시관리			12,338	1.2	21,182	1.3
녹색 교통체계	자전거, 전기자동차 (PRT)	235,238	528,546	61,744	6.0	173,797	10.6
	바이모달 트램 지능형 미래버스			69,977	6.8 (12.8)	196,753	12.0 (22.6)
녹색 성장산업	녹색산업 R&D	200,320	222,176	76,216	7.4	109,899	6.7
	생태산업단지(EIP)			36,048	3.5 (10.9)	45,928	2.8 (9.5)
녹색 에너지	태양광, 바이오매스	266,481	341,450	11,286	1.1	19,651	1.2
	지능형 전력망			49,250	4.8 (14.5)	78,604	4.8 (14.6)
	태양열, 지열, 수열			88,241	8.6	140,833	8.6
녹색건축	고단열·고기밀자재, 삼중창호	158,077	327,467	78,259	7.6	220,246	13.0
	우·중수 활용			10,298	1.0 (8.6)	17,975	1.0 (14.0)
합계		1,029,193	1,637,138	575,911	56.0	1,155,222	70.0

(3) 경제적 효과

- 총 경제 효과 : 연간 3,420억원
  - 무역수지 개선효과 : 약 3,100억원/년
  - 탄소배출권(CER) : 약 320억원/년
  - 20년 기준 : 6,400억원의 탄소배출권 수익 예상

무역수지 개선효과

약 58만 TOE/year 에너지 저감을 통해 연간 약 3,100억원의 원유수입 억제효과

* 배럴당 56달러(두바이산), 1,247원/달러(2009.5.7 기준)

탄소배출권(CER)

약 116만 CO_2 ton/년 탄소배출저감을 통해 연간 약 320억원의 탄소배출권 확보

* 탄소배출권(CER) 가격 : 16유로/CO_2 ton, 1,700원/유로 (2009.5.7 기준)

경기도 분당 신도시 규모로 확대 적용할 경우

- 위와 같은 한국형 녹색성장 모델도시를 분당 규모로 확대 적용
  - 면적 : 약 2,000만 ㎡
  - 계획인구 : 약 43만명 (210인/ha)

- 감축에 따른 경제효과
  - 총 경제효과 : 약 1조 1,000억원/년
  - 무역수지 개선효과 : 9,800억원
  - 탄소배출권 확보 : 1,200억원

- 에너지 저감 및 CO_2 저감 효과
  - 에너지 저감량 : 190만 TOE/년 (약 55% 저감)
  - CO_2 저감량 : 440만 CO_2 ton/년 (약 67% 감축)

녹색도시 에너지 저감량
190만 TOE/년 저감 (55.0%)

녹색도시 CO_2 저감량
440만 CO_2 ton/년 저감 (67.0%)

기존도시 에너지 사용량
345만 TOE/년 저감 (100%)

기존도시 CO_2 배출량
650만 CO_2 ton/년

5-11. 녹색도시의 계획요소에는 어떤 것들이 있나?

● 녹색도시의 계획요소를 에너지, 자원, 녹지, 수자원 측면에서 구체적으로 분류해 보면 〈표〉와 같다.

❖ 녹색도시의 계획요소5) ❖

탄소저감

	계획요소		도시	단지	건축
에너지저감	신재생에너지	액티브 솔라시스템			◎
		패시브 솔라시스템			◎
		풍력에너지		◎	
		지열에너지		◎	
	에너지절약	고단열·고기밀자재			◎
		자연채광 및 차양			◎
		자전거도로	◎		
		보행자도로	◎		
자원저감	자원순환	중수		◎	
		우수저장탱크		◎	
		천연자원 재료			◎
	폐기물저감	음식쓰레기 퇴비화		◎	

탄소흡수

	계획요소		도시	단지	건축
녹지	단지녹화	생태공원		◎	
		텃밭		◎	
	입체녹화	지붕녹화			◎
		벽면녹화			◎
	그린네트워크	친환경 방음벽	◎		
		Greenway	◎		
		경관림 조성	◎		
		생물이동통로	◎		
		바람길 조성	◎		
수자원	수자원절약	우수저류지	◎		
	수순환체계	투수성포장		◎	
		잔디도랑		◎	
		실개천 조성	◎		
		자연지반 보존서식처 연못		◎	
	수생비오톱	서식처 연못		◎	

5) KPA, 도시정보지, 2008년 9월호

❖ 계획요소별 인센티브 적용방안[6] ❖

	계획요소		적용가능한 인센티브 유형
탄소저감	신재생 에너지	액티브 솔라시스템, 패시브 솔라시스템, 풍력에너지, 지열에너지	용적률 완화, 건설비용 지원
	에너지 절약	고단열 · 고기밀 자재, 자연채광 및 차양, 자전거도로, 보행자도로	설치비용 융자, 분양가 추가보전
	자원순환	천연자연재료, 중수, 우수저장탱크, 우수저류지	용적률 완화, 설치비 융자
	폐기물 저감	음식물쓰레기 퇴비화	거주자 세금감면, 분양가 추가보전
탄소흡수	단지녹화	생태공원, 텃밭	거주자 세금감면, 건설비용 융자
	입체녹화	지붕녹화, 벽면녹화, 친환경 방음벽	용적률 완화, 설치비용 융자
	그린네트워크	그린웨이, 경관림 조성, 생물이동통로, 바람길 조성	용적률 완화, 공공용지 우선분양권
	수순환 체계	투수성포장, 잔디도랑, 실개천 조성, 자연지반 보존	입찰시 가점부여, 지방세 감면
	수생 비오톱	서식처 연못	건설비용 지원, 거주자 세금감면

6) KPA, 도시정보지, 2008년 9월호

5-12. 녹색도시 실행하기

(1) 녹색도시공간구조

● 목표 및 계획

　－ CO_2저감 목표(%)

　　① 대중교통 · 다핵분산형 압축도시

　　② 녹지망(Green Matrix)으로 연결된 생태녹지를 통해 탄소흡수 및 어메니티 증진

　　③ 유비쿼터스 기반 도시관리

> **직주근접형 도시구조**
> • 상업 업무 중심의 도심부에 주거를 포함한 고밀개발을 통해 이동거리 최소화를 유도
>
> **보행자, 자전거, 대중교통 중심 도시구조**
> • 화석연료 사용을 최소화하는 도시구조
>
> **대기순환형 도시구조**
> • 공원 및 수변공간 중심의 바람통로를 마련

● 전략

　－ 다핵분산형 압축도시(Compact City)

　　① 기능별로 특화된 도심핵을 복합개발

　　② 주거, 직장, 여가생활 등 도시 기능을 담을 수 있는 다수의 도시핵을 설정

- 대중교통중심개발(TOD)

　　① 주요 역세권을 복합용도로 개발하고, 자족성 확보를 위한 고용기능 배치

　　② 토지이용 효율성을 제고하고 교통발생량을 최소화

　　③ 생활권 TOD의 결절점에 그린 커뮤니티(Green Community)를 조성

- 녹지망(Green Matrix) 구축

　　① 충분한 녹지의 확보를 통한 탄소흡수능력 최대화

　　② 녹지간 연결성 확보를 통해 자전거 이용 최적화, 바람길 확보 등을 통한 도시 온도 하락

- 유비쿼터스 기반의 도시관리

　　① 유비쿼터스 기반 구축을 통해 효율적인 도시 기반시설 관리 및 재난·재해 등 응급상황에 신속하게 대처하는 기후변화 적응 기반 구축

(2) 녹색교통체계

● 목표 및 계획

- CO_2저감 목표(%)

　　① 보행 및 자전거 교통수송 분담률 제고

　　② 녹색대중교통수단 교통수송 분담률 제고

대중교통 중심의 도시
• 주거지역에서 지하철, 버스 등의 대중교통을 쉽게 이용가능

보행 및 자전거 중심 도시
• 자전거와 보행으로 통학, 쇼핑, 레저활동 등을 연결

청정 환경 교통도시
• 천연가스 버스, 전기 자동차 등 친환경 교통수단으로 매연을 차단

- 전략
  - 자전거 교통 활성화 도모
  - 녹색교통체계 구축
    ① 광역 교통
    ② 도시 교통
    ③ 생활권 교통
    ④ 환승 시설
  - 첨단 녹색교통수단 도입

(3) 녹색에너지

- 목표 및 계획
  - 온실가스 저감 목표(%)
    ① 신재생 에너지 사용을 통한 절감
    ② 스마트 그리드 시스템 구축을 통한 전력사용량 감소
    ③ 태양열, 지열(하천수열 포함) 등을 활용

신재생에너지 시설
• 기존의 화석연료의 사용을 줄이고, 새로운 에너지 생산

태양광 발전 시스템
• 태양광을 직접 전기에너지로 변화
• 태양열 집열기를 통해 빛에너지를 열에너지로 변화

지열 냉·난방 시스템
• 지구 내부에서 발생하는 열을 이용하여 냉·난방에너지로 활용

- 전략

  - 태양, 바람 등의 자연에너지를 신재생에너지원으로 활용하여 전력생산

  - 분산형 에너지공급시스템 구축

  - 지능형 전력망(Smart Grid) 구축

  - 냉 · 난방에너지 효율 증대 태양열 및 지열(하천수열) 에너지를 통해 건축물의 냉 · 난방에너지 절감

(4) 녹색건축

- 목표 및 계획

  - CO_2저감

    ① 고단열 · 고기밀 자재, 삼중창호 등의 패시브하우스 기법, 옥상 및 벽면 녹화 등을 통해 건축물의 냉 · 난방효율 최적화

    ② 중수 및 우수를 활용하여 세정수, 용수 등 활용

- 전략

  - 패시스하우스 에너지 손실을 최소화하기 위해 단열 및 기밀성을 향상시킨 건축자재를 활용

  - 건축물의 옥상 및 벽면 등의 특화공간을 녹화하여 건축물 내부 열손실 및 외부 복사열을 방지

  - 우수 및 중수 활용으로 재해예방 효과와 하수처리장 유입을 억제

5-13. 녹색도시를 평가하는 평가지표는?

● 녹색도시 평가는 크게 생태경관, 에너지, 커뮤니티, 교통, 토지부분으로 나누어 구체적인 평가지표와 산정식을 설정할 수 있다.

대분류	소분류	평가지표	산정식
생태경관 부문	생태계보전	생태계 보전	자연환경보전지역 비율, 자연공원면적 비율
	녹색경관조성	도시기본계획 현황	계획상 대상지역에 대한 정비계획 및 정비사업 명시 여부
	완충녹지	도시기본계획 현황	계획상 대상지역에 대한 정비계획 및 정비사업 명시 여부
	바람길	도시기본계획 현황	계획상 대상지역에 대한 정비계획 및 정비사업 명시 여부
	IT 환경관리	IT 적용율	환경관리 · 감독에 적용수준
	우수저류지	우수저류지 면적	우수저류지 / 총 면적
	우 · 오수처리	우 · 오수지 분리처리율	우 · 오수 처리량 / 총 우 · 오수량
	하천	하천연장	하천연장
에너지 부문	LPG, LNG	LPG, LNG 사용율	LPG, LNG 사용률 / 총 에너지 사용량
	지역 재생에너지	폐열, 지열 등 사용율	지역에너지 사용량 / 총 에너지 사용량
	신재생에너지	신재생에너지 사용율	신재생에너지 사용량 / 총 에너지 사용량
	폐기물 재활용	폐기물 재활용 비율	폐기물 재활용량 / 총 폐기량
녹색커뮤 니티부문	환경단지	환경단체	환경단체 수 / 지역사회단체 수
	주민참여	주민참여	녹색도시 구축에 시민참여수준

교통 부문	보행자 공간 네트워크	보행자 네트워크	보행자도로 연계수준
	보행자도로	보행자도로 연장	보행자도로 총 연장 / 총 도로연장
	자전거 도로	자전거도로 연장	자전거도로 총 연장 / 총 도로연장
	자전거 서비스 시설	서비스시설개수	자전거서비스시설 수 / 총 면적
	대중교통 노선	대중교통노선수	대중교통노선수 / 도시
	대중교통연장	평균노선길이	총 노선연장 / 노선수
토지 부문	자연지형	자연지형 활용도	지형이용도
	지형변화	지형변화율	(성토+절토면적) / 개발면적
	녹지	녹지확보	녹지면적 / 총 면적
	녹지연계	녹지기본계획현황	계획상 대상지역에 대한 정비계획 및 정비사업 명시여부
	Green-way 조성	도시기본계획현황	계획상 대상지역에 대한 정비계획 및 정비사업 명시여부

자료: 정광섭, 지속가능 녹색도시 평가지표 및 모형개발, 박사학위논문, 한양대 도시대학원, 2009

5-14. 녹색도시의 자전거이용 활성화 대책은?

(1) 교통수단으로서의 자전거 이용환경 마련

● 연계성, 연속성을 고려한 자전거도로의 설치

● 자전거도로, 이용시설 등은 일방공급형에서 수요대응형으로 전환하여 투자효율 극대화

(2) 자전거를 즐기는 사회적 분위기 조성

● 자전거 이용에 대한 관심도 증진

● 자발적으로 자전거를 즐기는 분위기 조성

● 자전거 레포츠화를 통해 자전거 이용을 향상

(3) 자전거 이용 촉진을 위한 법령 · 제도 정비

● 자전거 보급촉진 및 이용활성화 관련 제도 도입

● 도로에서 자전거 '통행우선순위' 조정

5-15. 녹색도시의 궤도교통 활성화정책들은?

(1) 도시철도의 지속적 확충

- 광역 고속철도망의 지속적 구축

- 수도권 광역 급행철도망 구축(표정속도 100km/h)

- 일반철도의 고속화

- 전철화 100% 친환경 철도 실현

- 글로벌 철도 네트워크 구현

(2) 이용자 중심의 철도교통 연계체계

- 종합 환승체계 구축

- 복합교통역사 구축

- 무탄소 교통수단 이용을 위한 시설(자전거 전용주차장) 설치

- 입체 환승 시설(교통광장, 주차장 등)의 시설 확충

5-16. 탄소배출권은 어떻게 거래하나?

(1) 탄소배출권 거래

● 지구 온난화의 주범 중의 하나인 이산화탄소를 배출할 수 있는 권리를 말한다. 교토의정서 가입국들은 2012년까지 이산화탄소 배출량을 1990년의 5% 수준으로 줄여야 하는데, 이를 이행하지 못하면 탄소배출권을 외부에서 사야 한다.

(2) 우리나라 탄소배출권 첫거래 사례

● 한국전력의 발전 자회사인 남동발전은 국내 탄소권 배출 거래소인 ACX-코리아에서 회사가 지난 해 확보한 탄소배출권 10만톤에 대한 매물정보를 최근 올렸다.

● 2009년 7월 21일 거래일에 국내에서는 처음 거래가 이뤄진다라고 밝혔다. 남동발전은 경남 삼천포에 있는 해양소수력 발전소의 발전량에 대해 유엔으로부터 청정개발체제(CDM) 인증을 받아 올해부터 10년 동안 총 20만여톤(매년 2만여톤)의 탄소배출권을 부여받았다.

● 회사측에서는 국제시세인 톤 당 15유로 정도를 제시하는 매수자가 나타나면 탄소배출권을 판다는 방침이어서 거래가 확실시된다며 온실가스 감축대상국인 일본이나 유럽연합(EU)을 상대로 팔아 158만유로(25억원)의 수입이 기대된다고 말했다.

5-17. 온실가스 배출저감을 위한 도시정책에는?

● 도시의 온실가스 배출저감을 위한 도시정책을 토지이용, 에너지, 산업, 건축물 분야로 나누어 살펴보자.

(1) 토지이용분야

● 토지형상과 주변환경에 대한 주기적 현황분석

● 토지이용 관련 이슈와 문제에 대한 원인분석

● 복합토지이용의 유도

● 교통과 토지이용 간의 연계 및 통합적 계획

(2) 에너지분야

● 화석연료 중심의 전통적 에너지 소비형태 지양

● 이산화탄소 배출 교통수단의 이용억제

● 보행, 자전거 이용의 활성화

● 대중교통수단 이용 장려

(3) 산업분야

- 녹색산업, 생태산업으로 변화시켜 제품 생산과정에서 온실가스 배출억제 시스템 구축

- 산업단지 내와 주변지역에 녹지 및 수공간 확보

(4) 건축분야

- 건물건설비용과 운영비용을 절감할 수 있는 설계와 시공

- 탄소를 저감할 수 있는 에너지 효율적인 건물의 설계 및 시공

이야깃거리

1. 일반적인 도시계획과 녹색도시계획의 과정은 어떻게 다르다고 생각하는지 이야기 해보자.

2. 녹색 인프라(Green Infrastructure)란 무엇이며, 탄소중립도시 계획에 있어 녹색 인프라가 왜 중요한지 논의해 보자.

3. 온실가스 배출저감을 위해 토지이용 계획측면에서 활용할 수 있는 정책대안은?

4. 정부의 4대강 정비사업에 대한 본인의 입장은 무엇인가? 4대강 정비사업의 득과 실에 대해 토론해 보자.

5. 지구 온난화가 도시의 구조와 형태를 어떻게 바꾸어 놓을까?

6. 탄소중립도시계획에 있어 탄소저감 측면에서 고려해야 할 계획요소와 탄소흡입 측면에서 고려해 할 계획요소들에 대하여 살펴보자.

7. 녹색도시계획을 위하여 해외선진사례도시를 답사하고자 한다. 어떠한 점들에 유념하여 조사를 계획해야 할까?

8. 탄소배출권 거래는 어떤 과정을 거쳐서 이루어지나?

9. 도쿄의정서에서 우리나라는 온실가스배출 감축의무국으로 지정하고 있는지를 살펴보자.

10. 압축도시(Compact City)와 녹색도시간의 상호관계를 정립해보자.

11. 기존도시계획 및 설계패러다임을 보완 또는 대체하기 위한 패러다임은 무엇인가?

12. 녹색도시의 토지이용계획과정은 전통적인 토지이용계획과정과 무엇이 다를까?

13. 녹색도시의 교통계획과정은 전통적인 교통계획과정과 무엇이 다를까?

읽을거리

1. Goodland R., "Sustainability: Human, Social, Economic and Environmental", Encyclopedia of Global Environmental Change, John Wiley & Sons Ltd., 2002

2. Jacobs J., The Death and Life of Great American Cities, New York: Random House, 1961

3. Jacobs M., The Green Economy: Environment, Sustainable Development, and the Politics of the Future, University of British Columbia Press, 1993

4. Rainey D. V., Robinson K. L., Allen I., & Christy R. D., "Essential Forms of Capital for Sustainable Community Development", American Journal of Agricultural Economics, 85(3), 2003

5. Roseland M., "Sustainable Community Development: Integrating Environmental, Economic and social Objectives", Progress in Planning, 54(2), 2000

6. Rees, W. E., "Economics, Ecology and the Limits of Conventional Analysis", Journal of the Air and Waste Management Association 41, 1991

7. National Round Table on the Environment and the Economy(NRTEE), Environment and Sustainable Development Indicators for Canada, Ottawa: NRTEE

8. Coleman, J. S., "Social Capital in the Creation of Human Capital", American Journal of Sociology 94, 1988

9. Putnam, R., Leonardoh, R., and Nanetti, R., Making Democracy Work: Civic Traditions in Modern Italy, Princeton University Press, 1993

10. OECD, The Well-Being of Nations: The Role of Human and Social Capital Organization for Corporation and Development, OECD, 2001

6장

녹색주거단지계획

6-1. 도시환경문제가 녹색주거단지를 불러온다

물리적 환경
- 도시: 과밀, 공동화
- 도로: 교통정체, 대기오염
- 수변공간: 홍수, 정비부족, 불량한 경관
- 커뮤니티시설: 보행공간부족, 녹지
- 공원녹지: 녹지면적부족
- 폐기물: 비효율적 폐기물처리, 자원낭비

자연적 환경
- 생물: 동식물자원 파괴
- 대기: 대기오염
- 일조: 일조장해, 빛장해
- 전파: 전자파 장해, 전파장애
- 물: 수질오염, 홍수, 방사능 오염
- 토양: 토양오염, 지반침하, 토사유출

6-2. 녹색주거단지의
비전 · 목표 · 정책은?

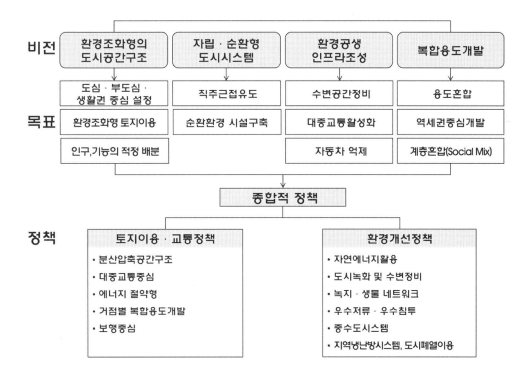

비전	환경조화형의 도시공간구조	자립 · 순환형 도시시스템	환경공생 인프라조성	복합용도개발

목표	도심 · 부도심 · 생활권 중심 설정	직주근접유도	수변공간정비	용도혼합
	환경조화형 토지이용	순환환경 시설구축	대중교통활성화	역세권중심개발
	인구,기능의 적정 배분		자동차 억제	계층혼합(Social Mix)

종합적 정책

정책

토지이용 · 교통정책
- 분산압축공간구조
- 대중교통중심
- 에너지 절약형
- 거점별 복합용도개발
- 보행중심

환경개선정책
- 자연에너지활용
- 도시녹화 및 수변정비
- 녹지 · 생물 네트워크
- 우수저류 · 우수침투
- 중수도시스템
- 지역냉난방시스템, 도시폐열이용

6-3. 녹색주거단지를
만들어가기 위한 정책들은?

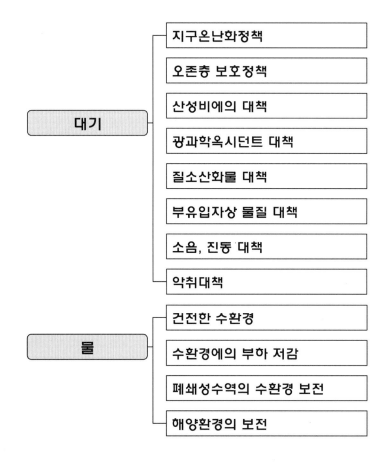

대기
- 지구온난화정책
- 오존층 보호정책
- 산성비에의 대책
- 광과학옥시던트 대책
- 질소산화물 대책
- 부유입자상 물질 대책
- 소음, 진동 대책
- 악취대책

물
- 건전한 수환경
- 수환경에의 부하 저감
- 폐쇄성수역의 수환경 보전
- 해양환경의 보전

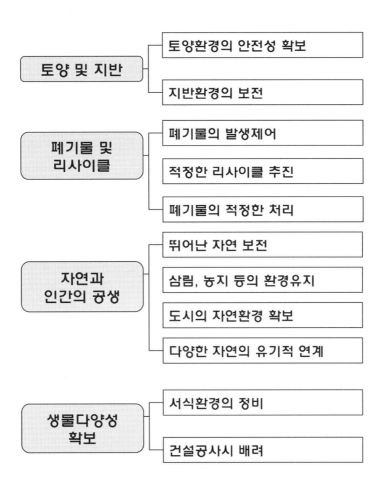

6-4. 녹색주거단지계획은
어떻게 할까?

● 녹색단지계획은 기존 단지개발에서 발생되었던 환경오염, 자연파괴, 자동차 위주의 설계 등의 문제점을 극복하고자 도입한 새로운 주거단지 패러다임이다.

녹색단지 계획요소	에너지 효율화 시설
	에너지 절감형 교통체계
	신재생에너지 이용 및 공급
	자원 재활용
	보행중심 네트워크 구축
	녹지 및 공원 구축
	자원상태 보존 및 관리

- 녹색커뮤니티계획은 생태자원의 보존 및 관리 에너지 효율화 시설, 에너지 절감형 교통수단 및 체계, 신재생에너지 이용 및 공급, 자원 재활용 및 재이용 등 친환경적 계획요소를 고려하여 단지를 계획하는 것을 말한다.

- 기존단지계획과 녹색단지계획의 철학 및 목표를 비교해 보면 아래와 같다.

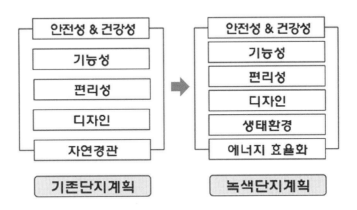

∞ 기존단지계획과 녹색단지계획의 철학 및 목표 ∞

- 녹색단지계획은 크게 5가지의 과정을 거쳐 수립된다.

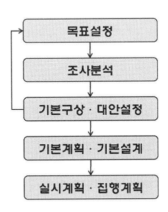

∞ 녹색단지계획의 과정 ∞

● 지속가능한 녹색단지계획을 구축하기 위해서는 3가지 원칙을 준수해야 한다.

   – 첫째, 자연환경을 파괴하지 않는 범위 내에서 자원의 효율적 활용을 추구

   – 둘째, 삶에 대한 만족성과 자연환경의 보존이 유지될 수 있도록 자원을 이용

   – 셋째, 자원의 관리에서 이용단계에 이르는 전 과정에서 생태적 순환체계를 구축

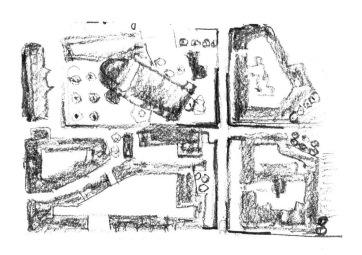

∞ 베를린의 Nikolaiviertel 단지계획 ∞

6-5. 녹색토지이용계획시 고려해야할 계획요소들은 무엇일까?

- 녹색커뮤니티를 조성하려면 지형, 일조, 바람 방향 등의 광범위한 분석을 통해 토지이용이 계획되어야 한다.

- 자원 절약 및 에너지 이용의 효율화를 추구하기 위해 커뮤니티의 공간구조가 기존 도시와 차이점을 보인다.

- 자연환경을 고려한 건축물 배치와 건축으로 에너지절약의 토지이용을 구상한다.

- 생태환경 피해를 최소화하도록 토지이용을 계획한다.

- 녹색커뮤니티를 계획할 때는 승용차 이용을 최소화하도록 이동거리를 단축시킨다.

- 보행 및 자전거, 대중교통 중심의 토지이용을 계획한다.

- 커뮤니티내 이산화탄소를 흡수할 수 있게 녹지 조성 면적을 늘린다.

- 녹지 조성시 주변 원형보존산림과 생태적 연속성을 유지하도록 계획한다.

- 온난화로 인한 불필요한 에너지 이용을 줄이기 위해 커뮤니티내 바람통로를 구축한다.

- 빗물 및 생활하수 등의 물순환 계획을 한다.

커뮤니티의 바람통로 개념

∞ 녹색단지계획 구성요소 ∞

6-6. 녹색주거단지의 교통대책은 무엇이 있나?

(1) 보행공간 계획

- 단지내 공간구조를 차량 중심에서 보행자 중심의 공간으로 전환하여 쾌적한 보행환경을 제공한다.

- 보행공간 계획은 보행수요가 많은 근린생활권을 대상으로 한다.

- 단지내 도로는 교통정온화(Traffic Calming)기법을 통해 보행자의 안전을 추구한다.

- 보행공간은 보행 교통량에 따라 보차혼용방식, 보차병렬방식, 보차부분분리방식, 보차완전분리방식 등으로 구분하여 계획한다.

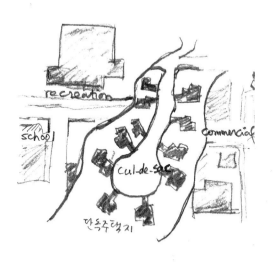

∞ 주거지 보호를 위한 차량통제형 주거단지 설계 ∞

(2) 자전거 활성화

● 자전거는 자동차와 달리 구매·이용비용이 저렴하며, 환경보전, 에너지 절약, 경제성, 안전성 면에서 장점을 가지고 있다.

● 자전거도로는 차도와 분리 여부에 따라 자전거전용도로, 준전용도로, 공용도로로 구분할 수 있다.

∞ 자전거도로 계획 유형 ∞

6-7. 녹색주거단지 에너지 관리시설의 종류와 기대효과는?

(1) 에너지 관리시설

● 패시브(Passive) 설계 : 외부에서 에너지 공급 없이 자연에 순응하여 에너지를 얻을 수 있는 저에너지 주택이다.

● 태양열 시스템 : 태양에서부터 오는 열을 기계에너지로 변환하여 전기를 생성하는 시스템이다.

● 태양광 시스템 : 태양에서부터 오는 빛을 광전효과(Photoelectric Effect)를 이용하여 직접적으로 전기를 생성하는 시스템이다.

● 풍력시스템 : 바람을 통해 풍차의 회전력을 이용하여 유도 전기를 발생시켜서 전력을 생산하는 시스템이다.

● 발광다이오드(Light Emitting Diode : LED) : 반도체에 전압을 가할 때 발생하는 발광현상을 이용한 것이다.

● 이외 단열재, 고기능성 창호, 환기장치 등으로 에너지를 절감할 수 있다.

∞ 태양열 주택 ∞

(2) 기대효과

- 패시브형 주택, LED 조명과 같이 에너지 저소비형 시설 개량으로 에너지·자원 사용을 효율화한다.

- 태양열 시스템, 태양광 시스템, 풍력시스템과 같은 신 재생에너지 보급으로 에너지·자원 사용량을 최소화한다.

- 동일한 에너지·자원 사용으로 CO_2 배출 등 환경 부하를 최소화한다.

6-8. 녹색주거단지의 물순환 어떻게 이루어지나?

- 물순환은 빗물(대기)에서 시작해 지하수(대륙) 및 하천, 바다(해양)를 거쳐 증발산하여 구름(대륙)이 되는 순환방식을 거친다.

- 물순환은 빗물순환 및 생활하수 재활용으로 구분된다.

- 빗물순환은 빗물을 단지 내에 최대한 저류·침투시켜 별도의 정화시설 없이 화장실 세정수나 조경 용수 등으로 이용한다.

- 생활하수 재활용은 주택단지 내에서 사용되는 하수 등을 인공습지나 간단한 처리시설 등으로 정화하여 연못 및 분수 등의 친수공간에 재이용한다.

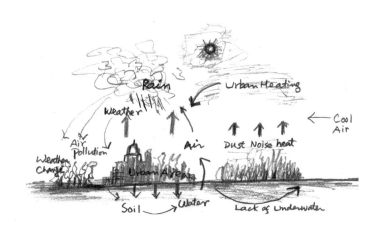

∞ 물순환 구조 ∞

6-9. 스마트 그리드란 무엇인가?

(1) 스마트 그리드

- 스마트 그리드(지능형 전력망)란 기존 전력망에 정보통신 기술(IT)을 접목해 전력 공급자와 수요자가 양방향 실시간 정보를 교환함으로써 에너지 효율을 극대화하고 풍력, 태양광 등 다양한 전원을 수용할 수 있는 차세대 전력망이다.

- 구체적으로 스마트 그리드는 원자력, 수력 및 화력 발전소 등에서 생산된 전력이 송전망 및 배전망을 거쳐 소비자에게 전달되는 과정(grid)을 보다 똑똑하게 만들자는 것이다.

- 스마트 하다는 것은 전력망의 이용과 관리의 효율성을 획기적으로 높인다는 의미이다. IT를 이용해 전력망을 구성하는 각종기기들의 고장을 신속하게 진단한다.

- 스마트 그리드가 완성되면 수요자는 실시간 전기요금을 토대로 가장 유리한 시간에 전기를 사용함으로써 전기요금을 절약하고 국가적으로 에너지 절약과 온실가스 감축이라는 효과도 거둘 수 있다.

- 우리나라는 IT강국으로 정보통신 네트워크가 전국적으로 잘 깔려있다. 그리고 발전 · 송전 · 배전회사들도 전국적으로 분산 위치해 있어 스마트 그리드에서 비교우위를 확보 할 수 있다.

(2) 효과

- 정부는 스마트 그리드를 신성장 동력 기술로 집중 육성해 연관 산업의 동반 발전과 일자리 창출 등에 기여하는 방안을 마련해야 한다.

- 전력거래소에서 이미 시장원리에 따라 실시간 가격으로 도매전력 거래가 이루어지고 있는 등 운영 노하우도 상당히 확보되어 있다.

- 스마트 그리드가 전·후방 연관 기술과 산업 발전의 잠재력을 지니고 있기 때문에 녹색성장의 중심축 역할을 할 수 있다.

- 예컨대 앞으로 보급된 전기 자동차를 사용 할 때 수요자가 전기요금이 낮은 심야 시간대에 충전하고, 잉여 전력이 존재 할 때 이를 전력회사에 판매하는 등 양방향 전력 수요와 공급이 가능하다.

- 국제 에너지기구(IEA)는 2030년까지 스마트 그리드 관련시장 규모가 최소 3조 달러에 이를 것으로 전망했다.

∞ 스마트그리드를 적용한 녹색도시계획 ∞

6-10. 그린홈이란?

(1) 그린홈이란?

● 친환경적 소재를 사용하여 지어진 주택을 말한다.

● 화석연료 소비를 최소화하는 주택이다.

● 건축물의 에너지효율적 설계, 신재생 에너지 적용, 외부 자연환경과의 조화 등을 통해 에너지 소비를 최소화한다.

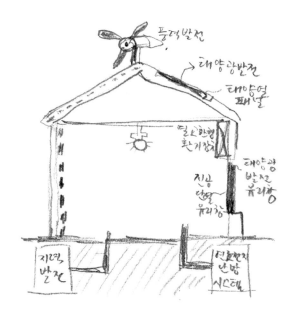

∞ 그린홈 ∞

(2) 그린홈 구성기술

● 그린홈은 크게 환경개선, 자재·기기 고효율화, 신재생에너지, IT기술의 접목 측면으로 기술을 구성해 볼 수 있다.

❖ 그린홈 구성기술 ❖

구분	특징
환경 개선	녹화, 물순환, 육생·수생 비오톱, 바람길 등
자재·기기 고효율화	단열재, 창호, 콘덴싱 보일러, 고효율 펌프, 열교환 환기장치 등
신재생에너지	태양열 시스템, 태양광 발전 시스템, 풍력시스템, 지열 시스템, 연료전지 시스템, 바이오에너지 시스템 등
IT기술 접목	건물에너지정보시스템(BEIS), 건물에너지관리시스템(BEMS) 등

6-11. 비오톱이란?

- 비오톱은 "생물 공동체의 서식처(Dahl, 1908)", "어떤 일정한 생명 집단 및 사회 속에서 입체적으로 다른 것들과 구별할 수 있는 생명공간(Schaeffer, 1992)", "동식물로 이루어진 어떤 생물 사회 속에서 3차원적이고 지역적으로 특징지을 수 있는 생명공간(Leser, 1991)" 등으로 해석되고 있다.

- 비오톱계획은 자연과 인간이 상생할 수 있는 전략으로 대규모 도시개발 후 토지의 표층토양 속에 사는 미생물들을 보호 할 수 있는 흙과 수공간을 마련하는 계획과정이다.

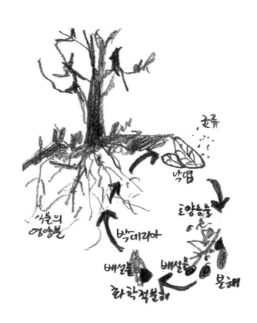

∞ 비오톱의 물질순환 ∞

이야깃거리

1. 기존 단지계획과 녹색단지계획간의 차이점은 무엇인지 논해 보자.

2. 녹색도시 차원에서 교통대책이 왜 필요한지 이야기해보고, 이를 실천하기 위해서 무엇이 선행되어야 하는지 생각해보자.

3. 녹색단지 구축을 위해 추진되어야 할 토지이용계획은 무엇이며, 이를 통해 변화하는 도시환경은 무엇이 있는지 이야기해보자.

4. 녹색단지에 적용할 수 있는 에너지 관리시설은 무엇이 있으며, 이를 통해 얻을 수 있는 이점은 무엇인가 생각해보자.

5. 녹색도시는 커뮤니티계획을 그 이념적 바탕에 깔고 있다. 그렇다면 커뮤니티계획을 어떻게 하면 녹색도시로 갈 수 있는가?

6. 물순환 방안을 녹색도시와 녹색단지 측면에서 이야기해 보자.

7. 에너지 관리시설을 강화한 주택으로 그린홈이 제안되고 있는데, 그린홈의 특징 및 이점은 무엇인지 논해보자.

8. 그린홈의 구성기술로 환경, 자재·기기, 신재생에너지, IT기술적인 측면에서 각각 적용 가능한 방법을 생각해보자.

9. 비오톱의 의미를 여러 가지 학자들이 소개하고 있다. 비오톱의 개념을 나름대로 정리해 보자.

10. 비오톱의 물질순환과정을 그려보고 이해해 보자.

11. 스마트 그리드가 왜 녹색성장의 중심축 역할을 할 수 있는지 생각해 보자.

읽을거리

1. Bridger, J. D. & Luloff, A. E., "Building the Sustainable Community: Is social capital the answer?" Sociological Inquiry 71(4), 2001

2. Cities Plus, "A Sustainable Urban System: The Long-term Plan for Greate Vancouver", The Sheltair Group, 2003

3. City of San Jose, "Smart Growth", Inside San Jose, 2001

4. Lithgow, M., M.Bloomfield, and M.Roseland, Green Cities: A Guide for Sustainable Community Development, 2005

5. Newman, P. and J. Kenworthy, Sustainability and Cities: Overcoming Automobile Dependence, Washington D.C., Island Press, 1999

6. Owens, S. E. "Land Use Planning for Energy Efficiency", in Energy, Land, and Public Policy, ed. J. B. Cullingworth, Transaction in Publishers, 1990

7. Child, M. and A. Armour, Integrated Water Resource Planning in Canada, Canadian Water Resource Journal 20(2), 1995

8. Hough, M., Cities and Natural Process, London,New york, Routledge, 1995

9. Seldman, N., "From Solid Waste Management to Sustainable Economy", BioCycle, 44, 2003

10. Young, J. E., "Reducing Waste, Saving Material", In State of the World, WorldWatch Institute, New York, Norton, 1991

11. Department of Energy, US, "Energy Dollars Relieve Municipal Budgets", Tommorow's Energy Today for Cities and Counties, NREL, 1992

12. Emerald People's Utility District, Energy Efficiency, www.epud.org, 2003

13. Geothesmal Heat Pump Consortium, Inc., Geoexchange Heating and Cooling Systems: Fascinating Facts, Available from www.geoexchange.org/documents/GB-003.pdf, 2004

14. Hubbard, A., and C. Forg, Community Energy Workbook: A Guide to Building a Sustainable Economy, Colorado, Rocky Mountain Institute, 1995

15. Torrie, R., Urban Energy Management and Cities of APEC-Opportunities and Challenges, 1997

16. Waverly Light Power(WLP), Energy Efficiency Program, Available from http:// wlp.waverlyia.com, 2004

7장

도시의 리모델링을
통한 녹색도시로

7-1. 도시재생의 배경 및 관점은?

(1) 도시재생의 배경

- 도시재생은 영국, 미국 등에서 1950년대 이후부터 생겨나기 시작한 도심의 교외화 현상과 도심 쇠퇴에 따른 대응책으로 볼 수 있다.

- 도심쇠퇴는 도심경제 기반의 악화를 불러왔고, 실업률이 증가되어 범죄 등 사회문제로까지 이어졌다. 도심의 이와같은 공동화, 환경, 사회문제들이 발생하자 영국, 미국의 오래된 도시들은 도심지 쇠퇴현상을 극복하기 위한 도심재생 정책과 프로젝트를 실시하게 된다.

(2) 서구 도시재생의 1980년, 1990년 전략과 관점

구분	1980s Redevelopment	1990s Regeneration
주요 전략과 경향	대규모개발 및 재개발 계획, 대규모 프로젝트 위주	정책과 집행이 보다 종합적인 형태로 전환, 통합된 처방에 대한 강조
주요 actors와 이해관계자	민간부문과 특별정부기관이 중심, 파트너십의 성장	파트너십이 지배적
공간적 차원	80년대초 해당부지 차원의 강조, 후에 지방차원을 강조	전략적 관점의 재도입, 지역차원의 활동 성장
경제적 측면	선별적 공공자금을 받은 민간부문이 주도적 역할	공공과 민간, 자발적(voluntary) 기금간의 균형이 중요
사회적 측면	선별적인 국가지원하에서의 커뮤니티 자활(self-help)	커뮤니티 역할의 강조
물리적 강조점	대규모 재개발 및 신개발, 대규모 개발프로젝트	1980년대보다 신중한 개발계획, 문화유산과 자원 유지보전
환경적 접근	환경적 접근에 대한 관심 증대	환경적 지속성이라는 보다 넓은 개념 도입

자료 : Robert, P. and Sykes, S. (eds). 2000. Urban Regeneration : A Handbook, SAGE Publications. p.14 재정리

7-2. 도시재생 어떤 방향으로 해야 하나?

(1) 도시재생의 정책 방향

● 도시재생 : 신도시와 신시가지 위주의 도시 확장으로 인해 상대적으로 침체되거나 쇠퇴하고 있는 기존 도시를 새로운 활력과 기능을 도입하여 재창조하는 것을 뜻한다. 재창조는 경제, 사회, 환경, 시설 측면에서 재생시켜 재창조함을 의미한다.

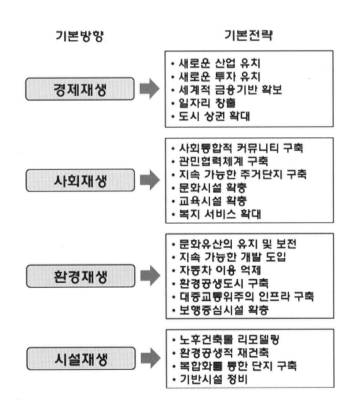

기본방향 / 기본전략

경제재생
- 새로운 산업 유치
- 새로운 투자 유치
- 세계적 금융기반 확보
- 일자리 창출
- 도시 상권 확대

사회재생
- 사회통합적 커뮤니티 구축
- 관민협력체계 구축
- 지속 가능한 주거단지 구축
- 문화시설 확충
- 교육시설 확충
- 복지 서비스 확대

환경재생
- 문화유산의 유지 및 보전
- 지속 가능한 개발 도입
- 자동차 이용 억제
- 환경공생도시 구축
- 대중교통위주의 인프라 구축
- 보행중심시설 확충

시설재생
- 노후건축물 리모델링
- 환경공생적 재건축
- 복합화를 통한 단지 구축
- 기반시설 정비

7-3. 도시재생지역 유형화와 정책목표는?

(1) 도시재생지역의 유형화

● 도시재생후보지를 도심핵, 도심상업, 역사·문화보전, 도심서비스, 도심형 산업, 도심주거, 도심복합용도, 혼합 상업지역의 8개 유형으로 나누어 볼 수 있다.

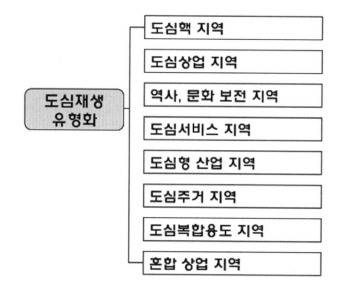

(2) 도시재생지역 유형별 정책목표

● 도시재생지역의 유형별 정책 목표는 다음과 같이 설정 될 수 있다.

유형	정책목표
도심핵 지역	- 도심부의 상징적인 업무중심지역으로 유지, 발전
도심상업 지역	- 다양하고 활력 있는 도심상업기능과 가로의 특성을 유지, 보강
역사·문화 보전지역	- 역사적 분위기와 장소적 특성을 보존
도심서비스 지역	- 업무, 상업 지원, 문화, 여가, 숙박 등 도심활동을 지원하는 서비스 기능 유도
도심형 산업지역	- 도심형 산업 유치/지원
도심주거지역	- 도심부에 남아있는 주거기능을 유지하면서 새로운 주거기능 도입 유도
도심복합용도지역	- 도심활성화를 위한 복합개발 유도
혼합상업지역	- 다양한 상업 활동의 유지, 강화

7-4. 영국의 도시재생 사례는 어떠한가?

(1) 도크랜드

● 사업개요

   – 위치 : 런던 도심부의 동쪽으로 8km 떨어진 지역

   – 사업규모 : 타워 브리지에서 동쪽으로 템즈강을 끼고 백턴 지역까지 이어지는 지역으로 2,200ha(666만평)의 면적

   – 사업주체 : 런던 도크랜드 개발공사(LDDC)

   – 주요시설 : 업무(36만평), 상업(4만평), 주거(17,500호), 산업, 레저, 위락시설에 분산 배치

∞ 런던 도크랜드 지도 ∞

● 주요특징

   – 민간자본을 유치하여 도크랜드의 경제적 재생을 실현

   – 교통 인프라, 환경 조성을 통해 어메니티의 향상을 가져옴

   – 지역내 고용기회 확대를 위해서 상업개발을 통한 새로운 일자리를 창출하는데 성공하여 지역경제성장을 유도

   – 부두의 물과 수변을 유지하여 시민들의 수변으로의 접근성을 강화

   – 역사적 건물에 대한 재평가를 실시하여 18개의 문화유산 보존지역 지정

∞ Wapping 지구 ∞

∞ Surrey Docks 지구 ∞

- 도크랜드의 재생을 위해서는 신교통수단인 경전철이 2개 노선으로 건설되어 도크랜드에서 도심지의 접근이 용이하게 되었음
- 진입을 가능하게 하였고 도크랜드의 지형적인 한계를 Jubilee Line연장으로 보다 좋은 교통입지조건으로 변화하는 등 대중교통망의 향상을 가져왔음
- 특정지역에 Enterprise zone을 지정하여 민간투자자에게 각종 혜택을 부여함으로써 민간투자를 활성
- 81~97년 사이에 19,900여 가구의 주택이 신규 건설되면서 주택공급의 확대를 가져왔음

∞ Isles of Dock 지구 ∞

∞ Royal Docks 지구 ∞

● 시사점

- 런던 도심의 부족한 업무시설과 주택난을 해소하고 민간자본의 적극적인 투자를 유인함으로써 새로운 국제 업무 단지로 도시경쟁력을 제고
- 건설 및 신규 고용창출로 실업자의 감소와 지역경제를 활성
- 금융 및 정보 등의 중추산업 뿐만 아니라 위락 · 레저 · 교육 · 상업시설을 대폭 확충하는 등 매력있는 복합도시 형성에 영향을 끼침
- 국제적 상업지로 개발함에 따라 지역주민의 삶과 복지는 무시되고 일부에게만 지원금이 분배되어 삶의 양극화를 초래하여 중앙정부와 지역주민 사이의 갈등이 나타남

(2) 쉐필드

● 사업개요

- 위치 : 런던 북쪽 약 250km에 위치한 요크셔(Yorkshire)지방의 중심도시

- 사업규모 : 도심부내에 약 80,000㎡의 업무공간, Peace Garden 주변지역 약 10㏊의 소매지구, 튜도어광장 중심의 역사 · 문화 시설 등

- 사업주체 : 쉐필드 도시재생공사(URCS)

- 주요시설 : Millennium Gallery, Peace Garden, Winter Garden, Tudo 광장, 쉐필드 할람 대학 및 쉐필드 대학 등

∞ 노후건물이 밀집된 쉐필드 중심가 ∞

● 개발배경

- 전통적으로 철강으로 유명했던 쉐필드가 1980년대부터 경기침체가 지속되면서 철강 산업의 쇠퇴, Manchester, Leeds 등 주변 대도시와의 경쟁력 약화, 도시 외곽지역의 무분별한 개발로 인한 개발여력의 상실

- 이로인해 심각한 도심부 쇠퇴와 함께 도시의 급격한 경쟁력 약화를 경험하게 된 쉐필드 시에서는 기존의 철강 산업을 대체할 새로운 미래형 산업으로서 IT, 정밀기계산업, 관광 · 문화산업 그리고 현대형 레저산업을 선정하여 집중육성하는 신산업 전략으로 정책방향을 전환

- 1994년 도심부의 주요 4개 지구에 대한 도심업무기본계획을 수립하여 도심재생을 위한 기반조성에 착수하였고 "Sheffield One"이라는 쉐필드 도시재생공사(URCS)를 결성

● 주요시설

- 노후건물들이 밀집되어 있는 도심부의 Peace Garden 주변지역에 새로운 소매지구로 지정하여 3,000여개의 신규직업을 창출하고 양질의 소매업종을 집중적으로 육성

- 노후한 건축물의 개 · 보수 및 건물신축을 통해 백화점, 대형상가, 단위점포, 선매품점(選買品店) 등 소매업종을 유치하고 실시간 대중교통정보 시스템, 노약자, 장애인주차장, 자전거보관소, 구매품 임시보관소 등의 공공설비를 구축함으로써 고객의 편의를 보장

- 소매지구로의 용이한 접근성과 쾌적한 쇼핑공간 확보를 위하여 다양한 버스노선과 슈퍼트램이라는 경전철을 도입하고 소매지구의 대부분 구간을 보행자전용도로로 조성
- 지구외곽의 중요지점에는 기존의 노외식 주차장을 대체할 다층구조의 주차건물을 건설하여 2,000여대의 주차수요를 수용
- 또한 쉐필드 할람대학과 쉐필드 대학을 중심으로 구성되는 쉐프밸리(Sheaf Valley)구역내에는 신기술 연구와 생산이 연계되는 E-Campus를 실현하고자 첨단산업도시로서의 기반을 조성

∞ 쉐필드 할람 대학 ∞   ∞ 쉐필드 도심부 Peace Garden 주변 ∞

● 주요특징
- 명확한 전략적 비전의 제시와 마스터플랜식 접근을 시도하고, 전 과정에 있어 다양한 전문가 집단의 참여가 이루어졌으며, 특히 입체적 공간계획의 수립 및 연계성 강화를 위해 도시설계가의 역할이 중시
- 실천 가능성을 중시한 사업 위주의 계획을 다루는 것으로, 도심 활성화에 있어 경제적 기반조성을 최우선 순위로 설정하고, 이를 실현할 프로젝트 중심의 7개 핵심 사업들을 도출함으로써 실천성을 담보하고 사업간 연계성 확보
- 공공·민간부문간의 협력적 접근이 이루어지고 있고, 도심재생 추진기구 상호간에 의제와 신뢰를 공유함과 아울러 개별적 역할을 분담함으로서 도심재생을 효율적으로 추진하는 견인차 역할

● 시사점
- 풍부한 역사·문화자원을 보존·확충하면서 다양한 이벤트를 개최하여 시민의 중심활동공간으로도 활용하고 도심재생의 계획요소로 적극 활용하는 점
- 도심부 차량통과 교통을 적극적으로 억제하는 대신 외곽 공동주차장을 확충하고 경전철 도입, 버스노선 확대, 보행자전용도로 확충 등을 통해 보행접근성과 안전성을 제고
- 도시재생과 관련한 다양한 계획의 수립에서 실행에 이르기까지 일관된 비전의 제시와 정책목표를 공유
- 도심을 활성화시키기 위한 여러 사업들이 서로 시너지 효과를 나타낼 수 있도록 상호연계가 잘 이루어진 핵심사업을 추진
- 도시재생공사의 설립을 통한 파트너십의 극대화는 해당도시의 상황에 따라 유연성 있게 조직하여 활동할 수 있도록 소규모의 특화된 조직체계, 파트너 기관들의 협력을 이끌어 낼 수 있는 제도

(1) 배터리 파크 시티

● 사업개요

- 위치 : 미국 뉴욕 로어 맨하튼 서측의 허드슨강 주변

- 사업규모 : 약 370,000m² 매립지에 14,000세대의 직주근접형 주거 공급

- 사업주체 : 뉴욕시정부, 로어 맨하튼 상인단체(DLMA: Downtown Lower Manhattan Association)

- 주요시설 : 세계무역센터(World Trade Center)

  세계금융센터(WFC : World Financial Center)

  뉴욕상품거래소(New York Mercantile Exchange)

● 개발배경

- 1979년 배터리 파크 시티 개발공사의 이사진 교체와 더불어 새로운 마스터플랜을 수립

- 1999년 세계금융센터, 뉴욕상품거래소를 비롯한 약 21만 평의 사무실, 1만여 세대의 주거, 2개의 호텔, 요트 선착장 등이 순조롭게 개발되었음

● 주요특징

- 도심기능 확장을 위해 세계금융센터와 세계무역센터 등을 유치하였고, 14,000세대의 주거 공급 및 대상지의 약 30%를 공원으로 조성

- 맨하튼의 격자형 가로망 패턴을 유지하는 블록형태를 바탕으로 내외부에 시민이 가장 이용하고 싶어하는 훌륭한 공공공간을 조성

- 허드슨 강변을 따라 일종의 수변공원인 '에스플러네이드'를 조성하여 오픈스페이스를 제공함

● 시사점

- 마스터플랜 수립시 로어 맨하튼 지역 전체에 대한 계획을 수립하고, 시정부 및 민간단체, 시민들과의 긴밀한 협력관계 속에서 개발방향이 설정됨

- 대상지의 잠재력을 고려하여 시장성에 맞는 주거를 도입하되, 개발이익금 중 일부를 저소득층 주거공급을 위해 투자

- 과도한 개발을 막고, 빌딩과 공원이 조화를 이루도록 계획

- 심의절차 간소화와 공공시설 제공 등의 인센티브를 제공하여 민간개발의 촉진

∞ 배터리파크의 전경 및 계획도 ∞

(2) 필라델피아(Philadelphia)

● 사업개요

- 위치 : 미국 펜실베니아주의 동쪽에 위치

- 사업규모 : 약 8,840,000m²

- 사업주체 : 필라델피아 도시계획위원회

- 주요시설 : The Gallery at Market East, Pen Center, Society Hill

● 사업배경

- 20세기 후반부터 인구감소, 실업증가, 지역경제 정체 등 지역전체가 침체현상이 나타남

- 오픈 스페이스의 부족, 비경제적인 토지이용계획, 무질서한 건물의 배치, 열악한 디자인 등의 결점을 보완하고자 재개발되었음

- 1990년대 초 펜실베니아 대학교 주변의 범죄 증가 및 학생 감소, 대학과 주변지역의 격리 및 쇠퇴로 인한 악영향이 대학에까지 파급되어 도시재생을 전개

● 주요특징
 - 주차장 부지에 복합상업시설 및 푸드마켓의 조성, 영화관, 부설주차장을 설립함으로써 지역경제 활성화를 위한 도시재생을 적극적으로 추진
 - 1997년 커뮤니티, 지역기업, 지자체 등과 함께 'UCD(University City District)'를 설립하여 지역경제, 도시개발, 치안과 서비스 등을 공동으로 담당
 - 조명환경개선(UC Brite) 및 커뮤니티 녹화 프로젝트(UC Green)로 도시 공공디자인에 기여함

● 시사점
 - 복합시설의 도입으로 지역경제는 물론 지역의 주거기능을 향상시킴은 물론 공공교육시설을 정비하여 공공교육의 질을 향상 시킴
 - '펜실베니아 파트너십 스쿨'을 설립하여 대학재생을 도시재생의 한 맥락속에서 대학이 주체가 된 도시재생을 성공적으로 전개

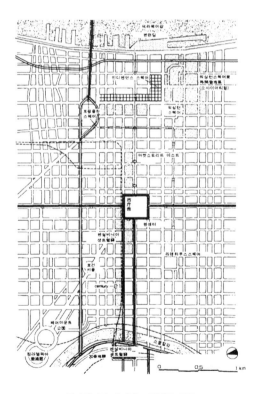

∞ 필라델피아 재개발 프로젝트 지도 ∞

7-6. 일본의 도시재생 사례는 어떠한가?

(1) 난바파크

● 사업개요

- 위치 : 오사카 관서지방의 대표적인 번화가인 미나미 지구에 위치

- 사업규모 : 부지면적 37,179㎡, 연면적 297,000㎡

- 사업주체 : 1908년 오사카구장 주변의 토지소유자들을 중심으로 한 난바지구개발협의회를 발족하여 개발전략수립, 1995년 오사카시 난바토지구획정리조합 설립

- 주요시설 : 점포, 사무소, 문화시설 등이 입지하고 있으며, 특히 종전의 야구장이 입지하던 공공장소의 특성을 살려 개발에 있어 대규모 옥상정원을 계획해 일반시민에게 개방하는 계획이 추진

● 주요특징

- 옥상녹화를 시도한 건축물 디자인으로 도심 내에 대규모 공원을 연상하게 하고, 인공의 구릉지 경관은 도심 속 오아시스 역할을 하며 도시경관의 활력을 불어넣고 있음

- 인접한 난바역(난바시티)을 사이에 두고 지상 철도선이 지나가고 있는데, 난바파크의 경계부인 철도변을 리노베이션 하여 '카니빌 몰'로 재정비하고 있음

- 건축물 상부의 약 10,000㎡에 이르는 옥상정원(일명. 파크가든)은 800%의 단지용적률을 소화하면서 자연환경에 가깝고 걷기에 즐거운 장소를 만들기 위해 녹화공간과 도시광장으로 구성해 제2의 대지를 형성함

∞ 도시공원 내 녹화공간 ∞

∞ 도시공원 ∞

● 시사점

　－ 방치하기 쉬운 경계부 공간을 새로운 형태의 상업스트리트로 정비해 주변지구의 활성화에 기여

　－ 도시공원의 창출로, 도시 열섬현상의 완화, 단열효과에 의한 공조부하 저감 등 물리적인 효과와 더불어 이곳을 방문하는
　　사람들에게 휴식공간을 제공

∞ 난바파크 거리 ∞　　　　　　　　　　∞ 난바파크 건물 안 ∞

(2) 록본기힐즈

● 사업개요

　－ 위치 : 도쿄 미나토구 록본기 6쵸메지구

　－ 사업규모 : 대지면적 110,000㎡, 연면적 729,000㎡

　－ 개발기간 : 2000~2003년

● 개발배경

　－ 1958년 건설된 주택지역의 노후화

　－ 아사히 TV 재건축계획 논의가 계기

　－ 도심활성화를 위한 복합개발 필요성 증대

　－ 1986년 동경도 재개발 유도지구로 지정

● 주요특징

　－ 개발목적에 따라 A, B, C구역으로 나누어져 개발

　－ A지구 : 복합동으로 건설, 상업시설을 중심으로 한 헐리웃 뷰티플라자가 배치

　－ B지구 : 오피스동으로 모리타워, 모리미술관, 아사히TV, 호텔, 극장 등 문화정보 시설 및 상업시설 배치

　－ C지구 : 안락하고 양호한 주거환경 및 사무공간 형성

● 추진전략

– 도심주거와 임대전략 선택 : 지속적인 양질의 주거환경 형성, 새로운 라이프 스타일 제안

– 차별화를 위한 사업적 전략 : Night Life의 새로운 선택 사항 제공, 도심의 직주근접

– 소프트한 전략 : 시장경쟁의 관점에서 사업성 고려, 고급 주택지, 상업시설의 야간 이용 가능

– 24시간 문화도심 : 문화−경제−도시, 상업공간과 주거공간의 혼합

– 어바니즘의 건축 구상 : 오피스동은 대중을 위한 오픈 스페이스, 다양한 복합요소를 겸비한 랜드마크 지역

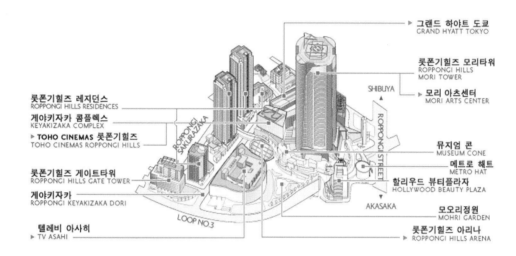

∞ 록본기힐즈의 주요시설 ∞

1. 도시재생프로젝트에서 녹색도시의 계획요소를 뽑아내 보자.

2. 도시재생프로젝트계획에서 기존 도시계획과정과 녹색도시계획과정을 각각 적용해 보고, 차이는 무엇인지 규명해보자.

3. 재건축 단지를 생태적 요소를 고려하여 계획한다면 어떤 요소들이 계획 및 설계단계에서 포함되어야 할까?

4. 도시재생에서 장소성을 찾기 위한 전략은?

5. 런던의 도크랜드식 도시재생과 서울의 한강르네상스식 도시재생의 차이는 무엇인가?

6. 도시재생의 성공여부를 판단해 볼 수 있는 평가지표는 무엇일까? 어떤 측면의 평가지표가 우선적으로 고려되어야 할까?

7. 도시재생에서 관민파트너십이 중요함을 기존 사례를 통해 배웠다. 그렇다면 우리도시의 도시재생에서는 어떤 유형의 관민파트너십이 필요한 것일까?

8. 도시재생에서 프로젝트금융이 요구되는 경우는 어떤 프로젝트일까?

9. 도시재생을 위한 계획방향을 경제, 사회, 문화, 시설측면으로 나누어 생각해 보고, 그 실천 전략을 구체적으로 살펴보자.

10. 도시재생을 특성별로 유형화한다면 어떻게 나눌 수 있을까? 그리고 각 유형별 목표와 전략은 어떻게 구성할 수 있을지 생각해 보자.

11. 서구의 도시재생정책을 살펴보고, 국내에 적용할 수 있는 유용한 정책들은 어떤 것들이 있는지 생각해 보자.

12. 도시를 리모델링할 때 역사성, 정체성과 같은 계획요소는 왜 중요한지 논해 보자.

13. 도시재생에 있어 공공부문과 민간부문의 역할을 살펴본다면, 각각 어떤 점에서 차이가 나타나는지 이야기 해보자.

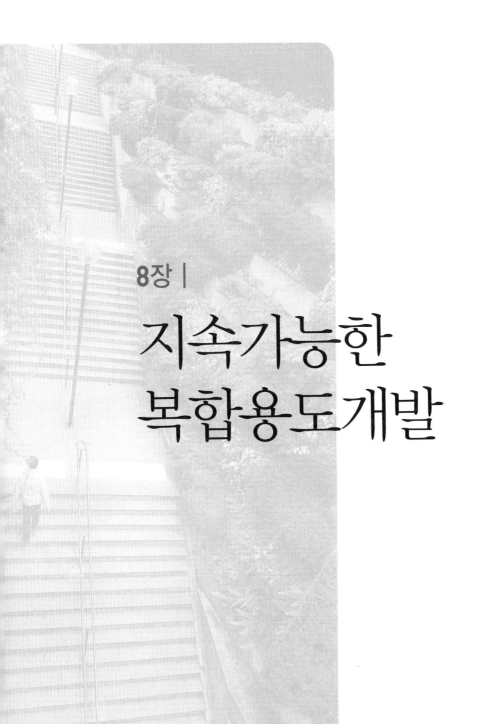

8장 |

지속가능한
복합용도개발

8-1. 복합용도개발 왜 일어났나?

- 요즘 뒤섞임 현상은 문화, 경제, 도시개발, 과학, 기술 분야에서 폭넓게 일어나고 있다. 전기와 휘발유를 동시에 연료로 사용할 수 있는 하이브리드(hybrid)자동차가 나오는가 하면, 카메라폰이나 MP3폰 같은 첨단 휴대폰은 융합(convergence)기기의 대표적인 것이다.

- 음악에서는 여러 장르를 섞는다는 뜻으로 퓨전(fusion)이란 말을 쓰기도 한다. 이를 종종 크로스오버(crossover) 라고 부르기도 하는데 장르를 뒤섞어 새로운 음악을 만들어 내는 현상을 말한다.

- 우리가 살고 있는 도시는 포스트모던도시이다. 포스트모던도시는 다 결절 구조, 융합, 관민 파트너십, 다양한 도시 활동 등으로 특징지을 수 있다.

- 예컨대, 종전의 단일품종의 대량생산체계가 다품종 소량생산체계로 바뀜에 따라 도시 내 산업시설이 환경 친화적으로 변하여 산업, 서비스, 주거 기능이 도시 내에서 공존이 가능하게 된 것이다.

- 포스트모던도시의 특징 중에서 가장 괄목할만한 현상은 도시의 토지이용 용도간의 복합화이다.

❖ 모던도시와 포스트모던 도시의 특징 ❖

모던 도시	포스트모던 도시
• 소수의 결절점	• 다극화된 여러개의 결절점
• 단일용도	• 융합 및 복합용도
• 관주도	• 관민 파트너십
• 동질적인 도시 활동	• 다양성 있는 도시 활동
• 단일 품종 대량생산 체계	• 다품종 소량생산

8-2. 복합용도 개발의 의미는?

- MXD(Mixed-Use Development)로 불리는 복합용도 개발은, 혼합적 토지이용의 개념에 근거하여 주거, 업무, 상업, 문화, 교육 등이 서로 밀접한 관계를 갖고 상호보완이 가능하도록 개발하는 방식을 의미한다.

- MXD의 건설은 여러 가지 장점을 가지고 있다. 복합단지 내에서 여러 기능을 수용함에 따라, 도시 내에서 주거, 상업, 업무, 문화 등의 기능을 한 곳에 모아 놓을 수 있다.

- 더불어 MXD의 주거부문 입주자에게는 직장 · 문화 · 쇼핑 · 교육시설들간의 이동거리들이 단축되어 출퇴근 시 비용절약이 된다. 이로 인하여 에너지 절감 효과와 교통혼잡 완화의 효과도 거둘 수 있다.

- MXD가 장점만을 갖고 있는 것은 아니다. 민간에게 도시개발의 모든 것을 맡김으로써 최소한의 녹지확보 등의 공공성이 실종될 가능성이 있다. 개발자 관점에서 보면 각 기업이 이익에 치중할 수밖에 없어 녹지 확보나 교통, 교육 문제 등을 등한시 할 우려가 있다.

- 좁은 면적에 각종 시설을 밀집시키다 보니 의도하지 않은 정신적 스트레스를 유발시키고, 기존 도심의 공동화를 부추길 수 있다. 또한 직장의 거리가 집과 가까워짐에 따라 노동 강도가 심해질 수도 있다는 우려의 목소리도 있다.

8-3. 무엇이 복합화를 부추기나?

- 도심 공동화를 방지한다.

- 압축도시를 만들 수 있다.

- 도심기능을 활성화 시킬 수 있다.

- 사회적 비용을 최소화 시킬 수 있다.

- 도심의 주거환경개선에 도움을 준다.

- 교통혼잡을 줄일 수 있다.

- 도시경제 활성화에 기여한다.

8-4. 복합화 어떤 과정을 거쳐서 일어나나?

- 복합용도개발은 주거, 상업, 업무 등 다양한 기능요소들이 서로 연계되어 복합적 활동이 일어나도록 구성하는 복합건축물, 또는 건축물군이라 할 수 있다.

- 제이콥스(Jacobs, 1969)는 복합용도개발 시 가로활성화를 위해 상업기능이 집중되어야 하며 다양한 건물 군이 배치되어야 한다고 하였다. 또한 도심이 매력을 지니려면 용도가 복합화 되어 있는 장소로 조성되어야 한다고 말한다.

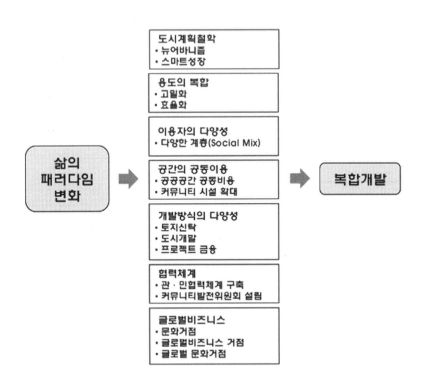

∞ 복합화를 거쳐 복합개발이 탄생하는 과정 ∞

● 지속적으로 복합개발은 도시의 주요한 개발방식으로 자리 잡을 것이다. 우리 도시에서의 복합개발 방향은 다음과 같다.

  – 첫째, 제대로 활용되지 않는 공간을 고밀 개발하여 토지이용의 효율성을 높여야 함

  – 둘째, 다양한 계층의 사람들과 조직이 협력체계를 구축하여 합의를 이루어내는 개발방식으로 진행

  – 셋째, 도시의 맥락과 조직이 조화롭게 개발되면서 도시환경의 질을 높일 수 있도록 해야 함

  – 넷째, 역사 · 문화가 숨 쉬면서 장소의 정체성을 만들어 내는 복합개발 추진

  – 다섯째, 도시민들의 다양한 욕구와 시대정신(포스트모더니즘 등)을 담아내는 도시의 거점으로 조성

8-5. 복합용도개발의 계획요소는 어떤 것들이 있는가?

(1) 지속 가능한 복합개발을 위한 계획요소

● 단순한 고밀도 복합개발을 벗어나 지속 가능한 도시개발의 목표를 이루어 나가기 위해서는 다음과 같은 복합개발 계획요소들을 고려하여야 한다.

  – 보행 및 자전거 위주의 교통계획

  – 환경친화적인 교통수단 도입(철도 및 버스)

  – 지역의 녹색성을 고려한 수환경체계 및 녹지체계

  – 직주근접을 위한 토지이용

  – 에너지이용 효율화를 위한 시스템

  – 환경 친화적인 건축물

  – 역사성, 정체성, 녹색 커뮤니티 활성화

  – 경관성 향상

  – 건강과 안전한 도시계획

  – 환경오염관리체계

  – 환경 친화적 주거, 상업, 업무시설 등의 도시기능 집약

  – 유비쿼터스

이야깃거리

1. 복합화를 부추기는 가장 중요한 원인이 무엇인지 생각해보자.

2. 복합화는 필연적으로 도시고밀화를 초래하는데 고밀화를 반대하는 전문가들도 많은데 이런 복합화에 따른 상충되는 가치를 어떻게 조정해야 할까?

3. 복합용도개발은 개발밀도를 높여 직주근접을 유도하는데 이것이 진정으로 도시민들이 원하는 삶의 형태일까?

4. 복합용도개발과 압축도시와의 관계는 어떻게 정립될까?

5. 대중교통중심개발(TOD)이 복합용도개발의 선행조건이라고한다. 왜 그럴까?

6. 복합용도개발단지의 장점 중에 하나는 이용자(혹은 거주민)들의 짧은 보행거리라고 한다. 얼마나 보행동선이 단축되는지 고민해보자.

7. 동경의 '록본기'형 복합용도개발의 장단점을 논해보자.

8. 복합용도개발계획의 어떤 계획요소들이 녹색도시를 조성하는데 기여하는지 생각해보자.

9. 복합용도개발사업의 성공여부를 판단 할 수 있는 평가지표를 설정해보고, 이 평가지표 중 어떤 지표가 녹색도시와 관련된 지표인지 고민해 보자.

10. 포스트모더니즘 도시계획측면에서 복합용도개발의 특징과 의미를 논해 보자.

11. 복합개발이 가져올 수 있는 이점을 압축도시 계획개념차원에서 이야기 해보자.

12. 일반적인 토지이용개발과 복합개발의 계획요소에는 어떤 차이점이 있는지 생각해 보자.

13. 지속 가능한 도시의 복합개발을 위해 우리나라의 실정에 맞는 계획방향에 대하여 이야기 해 보자.

14. 도시 또는 단지의 복합화는 무엇이며, 복합화는 왜 필요한지 논해 보자.

9장

녹색도시 패러다임과
도시정비프로젝트

9-1. 도시정비의 목표 및 방향은?

(1) 도시정비의 목표

- ● 도시의 경쟁력 향상
  - 도시재생은 다양한 기능(주거, 상업, 업무, 위락, 관광 등)의 복합화를 통해 도시의 효율성을 제고하고, 다양한 창조적 공간확보를 통한 글로벌 스텐다드의 도시를 구축해야 함
  - 미래 변화에 능동적으로 대응 가능한 도시를 설계하고, 도시의 구성이 건물 중심에서 인간활동 중심적인 도시를 설계하기 위함을 목적으로 하고 있음

- ● 서민들의 주거안정
  - 도시재생은 원주민의 재정착률을 제고하고, 영세 주민들의 정주방안을 모색하여야 하며, 서민들이 원하는 장소에 서민들이 원하는 주거공간을 공급해야 함

- ● 주택가격 안정
  - 정부는 토지거래허가구역 및 전매제한제도를 통하여 타당한 주택의 수요억제 및 공급책을 제공해야 함
  - 합리적 분양제도 및 직접적 가격규제(분양가 상한제, 분양원가공개)를 통하여 주택가격을 안정화 시켜야 함

(2) 도시정비의 방향

- ● 신속한 사업추진
  - 계획단계에서부터 주민참여를 통한 이해와 설득을 병행
  - 불필요한 규제 및 인허가 단계를 대폭 축소

- ● 관 · 민 파트너십 형성
  - 공공과 민간, 주민들간의 이해관계를 조율할 수 있는 합리적인 제도를 마련
  - 주민들을 설득하고 안심시킬 수 있는 합리적인 사업일정 및 계획을 마련

- 광역적인 인프라의 확충
  - 기존 도로망 및 교통흐름을 고려한 광역교통계획을 수립
  - 대중교통중심(TOD)의 도시재생 사업을 유도

(3) 도시정비사업의 범위

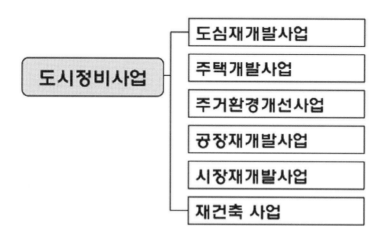

∞ 도시정비사업의 범위 ∞

9-2. 도시정비의 방법에는 무엇이 있나?

- ● 언제 – 도시개발의 목표연도
  - – 도심을 재개발하는 착수시기와 순차개발 및 개발 단계와 완료시기를 의미

- ● 어디서 – 도시재생사업 부지의 선정
  - – 서울, 수도권, 지방도시 도심, 도시주변지역 등 도시재생사업을 시행하게 될 장소를 의미

- ● 누가 – 도시개발주체의 역할과 책임
  - – 공공과 민간의 역할 분담 및 협력, 책임과 권한의 균형을 조율하는 과정과 주체를 의미

- ● 무엇을 – 도시개발대상의 기능 및 역할
  - – 용도지역(상업지역, 공업지역, 주거지역 등)의 변경 및 재편과 노후지역, 신도시 등의 개발 및 인프라의 확충 등의 사업을 시행하게 될 시설을 의미

- ● 어떻게 – 도시개발의 방법
  - – 계획의 수립, 사업의 방식, 수용 방식, 관련 법률의 적용 등 도시 재생을 추진하게 될 수단을 의미

9-3. 도시정비사업의 개요는?

(1) 도시정비사업의 개념

- 도시정비사업 : 도시의 경쟁력 및 효율성의 향상을 위해 정비구역 내에 정비기반시설을 정비하고 주택 등 건축물을 개량하거나 건설하는 다음의 사업을 말한다.

❖ 도시정비사업 구분 ❖

종류	개념	비고(기존법)
주거환경 개선사업	도시 저소득 주민이 집단으로 거주하는 지역으로서 정비 기반시설이 극히 열악하고 노후, 불량 건축물이 과도하게 밀집한 지역에서 주거환경을 개선하기 위하여 시행하는 사업	도시저소득주민의 주거환경 개선을 위한 임시조치법
주택재개발사업	정비기반시설이 열악하고 노후, 불량건축물이 밀집한 지역에서 주거환경을 개선하기 위하여 시행하는 사업	도시재개발법
주택재건축사업	정비기반시설은 양호하나 노후, 불량 건축물이 밀집한 지역에서 주거환경을 개선하기 위하여 시행하는 사업 (정비구역이 아닌 구역에서 시행하는 주택재건축사업 포함)	주택건설촉진법
도시환경 정비사업	상업지역, 공업지역 등으로서 토지의 효율적 이용과 도심 또는 부도심 등 도시기능의 회복이 필요한 지역에서 도시환경을 개선하기 위하여 시행하는 사업	도시재개발법 (도심재개발사업)

(2) 지정기준

- 주거환경개선사업
  - 면적 2,000㎡ 이상
  - 세입자세대수의 50% 이상 필요
  - 노후불량건축물이 건축물 총수의 1/2 이상인 지역
  - 개발제한구역의 노후불량건축물이 건축물 총수의 1/2 이상인 지역

- 주택재개발사업
  - 도시의 환경이 현저히 불량하게 될 우려가 있는 지역
  - 건축물이 노후·불량하여 토지의 합리적 이용과 가치증진이 곤란한 지역
  - 순환용 주택을 건설하기 위해 필요한 지역

- 주택재건축사업
  - 건축물의 붕괴, 안전사고 우려가 있어 정비사업을 추진해야 하는 지역
  - 기존 공동주택이 준공된 후 20년이 지났고, 규모가 300세대 이상, 부지면적이 10,000㎡ 이상인 지역

- 도시환경정비사업
  - 토지가 건축대지로서 효용을 다할 수 없게 되거나 과소토지로 되어 도시환경이 현저히 불량하게 될 우려가 있는 지역
  - 건축물이 노후 불량하여 그 기능을 다할 수 없거나 건축물이 과도하게 밀집되어 토지의 합리적 이용과 가치의 증진이 곤란한 지역

(3) 도시정비사업 시행자와 방법

- 주거환경개선사업
  - 시장, 군수, 주택공사가 지정시행(토지주의 2/3 동의) 실시
  - 자가개량방식이란 시장·군수가 정비구역 안에서 정비기반시설을 새로이 설치하거나 확대하고 토지 등 소유자가 스스로 주택을 개량하는 방법
  - 분양방식이란 주거환경개선사업의 시행자가 정비구역의 전부 또는 일부를 수용하여 주택을 건설한 후 토지 등 소유자에게 우선 공급하는 방법
  - 환지방식이란 주거환경개선사업의 시행자가 환지로 공급하는 방법

- 주택재개발사업
  - 조합(조합원의 1/2 이상 동의시 시장, 군수, 주택공사 등과 공동시행)이 지정시행 실시
  - 정비구역 안에서 인가받은 관리처분계획에 따라 주택 및 부대 · 복리시설을 건설하여 공급하거나, 환지로 공급하는 방법

- 주택재건축사업
  - 조합(조합원의 1/2 이상 동의시 시장, 군수, 주택공사 등과 공동시행)이 지정시행 실시
  - 정비구역 안 또는 정비구역이 아닌 구역에서 인가받은 관리처분계획에 따라 공동주택 및 부대 · 복리시설을 건설하여 공급하는 방법(단, 주택단지 안에 있지 아니하는 건축물의 경우에는 지형여건 · 주변의 환경으로 보아 사업시행상 불가피한 경우와 정비구역 안에서 시행하는 사업에 한함)

- 도시환경정비사업
  - 조합, 한국토지공사, 토지소유주(조합원의 1/2 이상 동의시 시장, 군수, 주택공사 등과 공동시행)가 지정시행 실시
  - 정비구역 안에서 인가받은 관리처분계획에 따라 건축물을 건설하여 공급하는 방법 또는 환지로 공급하는 방법

(4) 도시정비사업의 내용

- 정비사업의 기본방향 및 계획기간

- 인구 · 건축물 · 토지이용 · 정비기반시설 · 지형 및 환경 등의 영향

- 토지이용계획 · 정비기반시설계획 · 주거지 관리계획, 교통계획

- 녹지 · 조경 · 에너지 공급 · 폐기물 처리 등에 대한 환경계획

- 사회복지시설 및 주민문화시설 등의 설치계획

- 정비구역으로 지정할 예정인 구역의 개략적 범위

- 건폐율, 용적률에 관한 건축물의 밀도 계획

- 세입자에 대한 주거안정대책

9-4. 우리나라 도시정비 관련제도는 어떻게 되나?

(1) 도시정비 관련법 체계

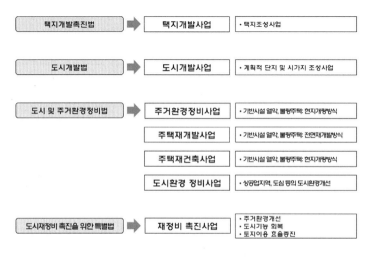

∞ 도시정비 관련법 체계 ∞

(2) 기존 사업들의 법적 통합

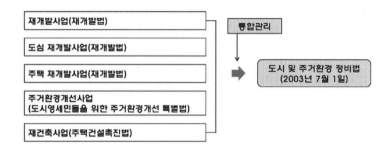

∞ 관련법의 통합 ∞

(3) 도시정비사업의 변화

종전		도시 및 주거환경정비법 시행후 (2003. 07. 01)		도시재정비촉진을 위한 특별법 시행후 (2006. 07. 01)	
주택건설 촉진법	주택재건축사업	도시 및 주거 환경 정비법	주택재건축사업	재정비촉진사업	
도시재개발 사업	주택재개발사업		주택재개발사업	도시 및 주거환경 정비법	주택재건축사업
	도심재개발사업		도시환경 정비사업		주택재개발사업
	공장재개발사업		주거환경 개선사업		도시환경정비사업
주거환경개선법	주거환경개선사업				주거환경개선사업
				도시개발법	도시개발사업
				재래시장 육성법	시장정비사업
				국토계획법	도시계획시설사업

∞ 도시정비사업의 변화 ∞

(4) 도시개발사업 · 정비사업 · 재정비 촉진사업 비교

구분	도시개발사업	정비사업				재정비촉진사업
		주택재개발	주택재건축	주거환경개선	도시환경정비	
근거법	도시개발법	도시 및 주거환경 정비법				도시재정비 촉진을 위한 특별법
사업 방식	· 환지방식(입체환지): 환지계획 · 수용사용: 조성토지공급계획 · 혼용방식	관리처분계획 : 분양미신청자 현금정산				도시재정비 촉진을 위한 특별법
시행자	· 국가/지자체 · 공기업 · 토지소유자/조합 등	조합 조합+공사	조합 조합+공사	지자체 · 공사 (주민 2/3동의)	토지소유자/ 조합 조합+공사 지자체,공사	지자체 조합 공기업 총괄사업관리자
구역 지정 요건	1만 ㎡ (공업지역 3만 ㎡) 나지 50% 이상 (민간)	1만 ㎡ 70호/ha 30년건물 2/3 접도율 30% 개별불능 50%	(공동주택) 300호/1만 노후불량건물 (단독주택) 30년건물 2/3 도로율 20% 확보가능	2천 ㎡ 80호/ha 30년건물 2/3 개별불능 50%	-	주거지형 50 ㎡ 이상 중심지형 20 ㎡ 이상 도정법의 지정요건 강화 구역통합조건 완화 구역확대가능(10%)
동의 요건	· 환지: 면적2/3, 소유자 1/2 · 수용, 사용(공공) 요건없음 (민간) 면적 2/3, 소유자 2/3	· 추진위원회: 토지등소유자 1/2 · 조합설립: 토지등소유자 4/5 · 공동시행(조합+공사): 조합원 1/2 · 지자체, 지정개발자: 요건없음(주거환경개선사업은 2/3 필요)				지자체 조합 공기업 총괄사업관리자

∞ 도시개발사업 · 정비사업 · 재정비 촉진사업 비교 ∞

9-5. 정비사업의 프로세스와 공공관리 방안은?

(1) 정비사업 기본계획 프로세스

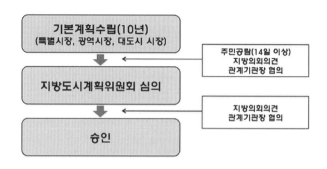

∞ 도시정비사업 기본계획 프로세스 ∞

(2) 개별정비사업계획의 프로세스

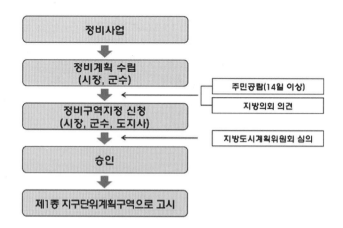

∞ 개별정비사업계획의 프로세스 ∞

(3) 정비사업을 위한 추진위원회 및 조합의 구성

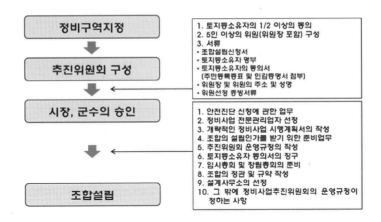

∞ 정비사업을 위한 추진위원회 및 조합의 구성 과정 ∞

(4) 주택 재건축 사업의 안전진단과 시행여부 결정 과정

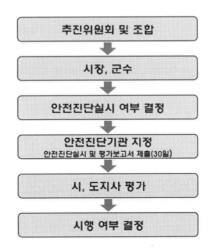

∞ 주택재건축사업의 안전진단과 시행여부 결정 프로세스 ∞

(5) 도시정비사업 사업시행 과정

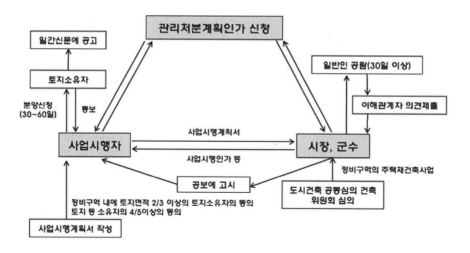

∞ 도시정비사업 프로세스 ∞

(6) 관리 처분계획 과정

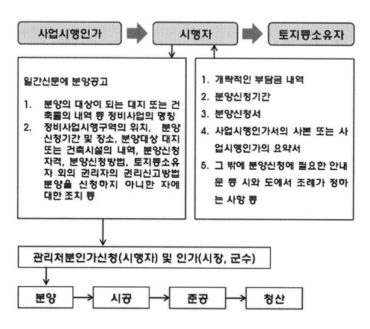

∞ 관리 처분계획 프로세스 ∞

(7) 개발단위사업체제의 사업구조

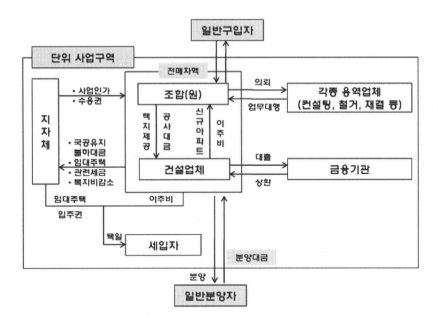

∞ 개발단위사업체제의 사업구조 ∞

자료: 주관수, 2008, 도시정비에서 도시재생으로, 주택도시연구원

(8) 정비사업 프로세스의 개선방안

- 정비사업의 투명성을 확보하고 조합과 시행사 간의 비리를 척결하기 위해 공공이 개입하는 방안이 필요하다.

- 그동안 정비업체와 시공사 중심으로 진행되던 사업을 구청이나 공사 등의 공공 관리자가 맡아 정비업체와 시공사가 연계해 추진위 구성에 관여하는 폐단을 막을 필요가 있다.

구분	내용
사업주체	공공관리자 제도 도입
주민참여	총회의 주민 참석 의무비율 상향 조정, 전자투표제 도입
정보공개	정비사업 홈페이지 구축, 정비사업자료 공개 의무화
사업비 추산	사업비 내역을 조합 설립 동의서 청구 시 제출토록 의무화
세입자 대책	휴업 보상금 기준 상향, 세입자 대책 개별 통보, 주거 이전비 차등 지급 등
정비사업체	등록 기준과 등록취소, 제한 강화

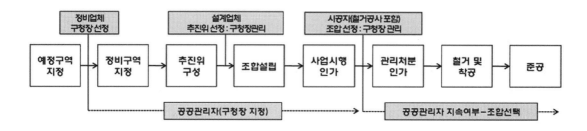

9-6. 도시정비프로젝트의 주체별 개발방식은?

(1) 주체별 개발방식의 분류

	일괄매수방식	혼합방식	지주공동방식 (환지방식)	신탁방식
공공주도형	일괄매수 공영개발방식	공공지정 공공개발방식		
민관협력형		공공지정 판매개발방식	조합공공 공동개발방식, 공공투자 조합개발방식	공공지정 신탁개발방식
민간주도형	일괄매수 민간개발방식		지주공동 조합개발방식	신탁지주공동 개발방식

(2) 관련법에 근거한 개발방식 비교

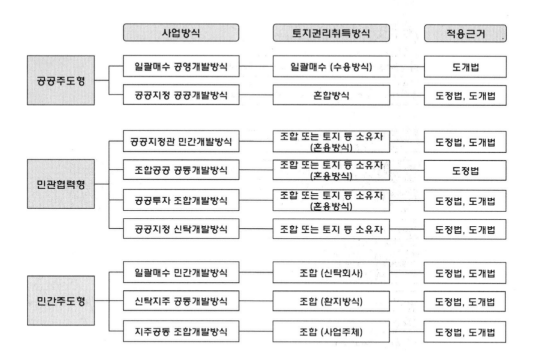

사업방식	토지권리취득방식	적용근거
공공주도형		
일괄매수 공영개발방식	일괄매수 (수용방식)	도개법
공공지정 공공개발방식	혼합방식	도정법, 도개법
민관협력형		
공공지정관 민간개발방식	조합 또는 토지 등 소유자 (혼용방식)	도정법, 도개법
조합공공 공동개발방식	조합 또는 토지 등 소유자 (혼용방식)	도정법
공공투자 조합개발방식	조합 또는 토지 등 소유자 (혼용방식)	도정법, 도개법
공공지정 신탁개발방식	조합 또는 토지 등 소유자	도정법, 도개법
민간주도형		
일괄매수 민간개발방식	조합 (신탁회사)	도정법, 도개법
신탁지주 공동개발방식	조합 (환지방식)	도정법, 도개법
지주공동 조합개발방식	조합 (사업주체)	도정법, 도개법

9-7. 기성시가지 정비유형에는 무엇이 있나?

(1) 토지활용형 프로젝트

● 공지나 이전예정지 등의 토지가 있을 경우, 당해 토지를 활용하기 위한 프로젝트를 의미한다.

  – 공공이 사업을 주도 : 지역(또는 지구)의 활성화를 위해 토지의 활용방안이 검토될 수 있음

  – 민간이 사업을 주도 : 토지주가 개발하거나 디벨로퍼 등이 참여하여 프로젝트를 수행하게 됨

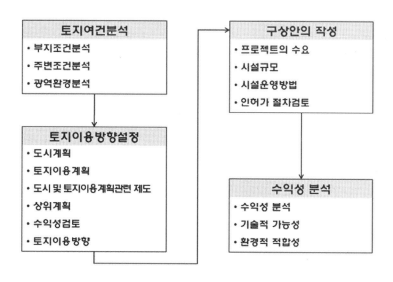

∞ 토지활용 프로젝트의 흐름도 ∞

(2) 재개발형 프로젝트

- 재개발은 정비기반시설이 열악하고 노후 · 불량 건축물이 밀집한 지역에 주거환경을 개선하기 위하여 시행하는 프로젝트이다.

- 특히 도시기반시설이 부족한 지역(도로여건이 열악하고, 주거환경이 열악한 지역, 무허가 건물이 밀집된 지역, 상습 침수지역 등)에서 시행되고 있다.

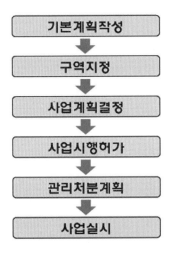

∞ 재개발형 프로젝트의 흐름도 ∞

(3) 신도시(신시가지) 개발형

- 신도시에는 직주근접을 유도하기 위해 산업 등의 기능을 배치하는 자족형 신도시와 대도시(모도시)의 인구분산을 도모하기 위해 대도시 주변에 건설하는 신도시 등이 있다.

- 일반적으로 모도시와 분리되어 개발된 신시가지를 신도시라 부른다. 한편 신시가지는 모도시 내에 있는 시가지를 개발한 경우에 신시가지라고 부른다.

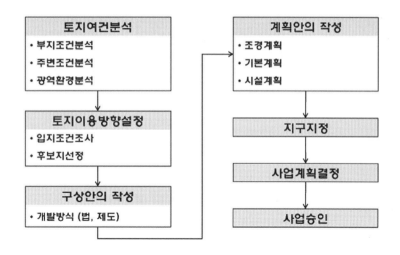

∞ 신도시 개발프로젝트의 흐름도 ∞

(4) 기성시가지 계획관리지구 개발방식 종합

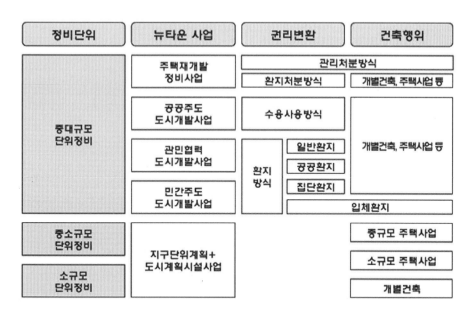

∞ 기성시가지 계획관리지구 개발방식 종합 ∞

9-8. 도시정비 프로젝트의 나가야 할 방향은?

(1) 정책적 방향

● 도시정비 프로젝트는 주택공급 측면의 개발이 아니라 도시의 발전방향과 연계하여 추진되어야 한다.

● 도시정비 프로젝트는 공공부분의 참여와 지원이 전제되어야 한다.

● 도시정비 프로젝트의 계획수립과 사업추진 과정에서는 토지소유자로 구성된 조합원과 세입자, 임차상인 등 이해 당사자들의 참여가 보장되어야 한다.

● 대규모 정비 프로젝트를 동시에 추진하기 보다는 순차적 정비를 통한 사업의 속도조절이 필수적이다.

(2) 제도적 방향

● 도시정비 프로젝트는 주거환경 개선뿐 아니라 도시의 종합적인 정비를 추진할 수 있도록 하고 이를 제도화할 필요가 있다.

● 도시정비 프로젝트는 광역생활권 내에서 단계적 개발방식과 순환개발방식을 추진할 수 있도록 제도화 하여야 한다.

● 도시정비 프로젝트 방식을 공공주도의 사업과 민간주도의 사업으로 이원화해야 한다.

● 도시정비 프로젝트 사업 추진 과정에서 이해 당사자들의 참여가 보장될 수 있도록 제도화해야 한다.

● 도시정비 지역의 원주민 재정착률을 제고할 수 있는 저렴한 주택 공급을 확대해야 한다.

● 도시정비 프로젝트 사업에 있어 주택세입자와 임차상인 등의 권익을 보호할 수 있는 전문상담기관을 설치하거나 전문기관의 자문을 받을 수 있도록 지원해야 한다.

❖ 정부의 재개발 제도개선 추진 방안 ❖

구분		현행	개선방안(검토안)
세입자지원	상가세입자	• 휴업보상금 지급기준 미흡 – 휴업 보상금 지급 기준: 3개월	• 휴업보상금 지급기준 재정립 – 휴업 보상금 지급기준 상향 조정: 3개월 → 4개월
		• 사업구역내 재정착제도 미비 – 상가 등의 분양권이 없어 사업구역내 재정착이 어려움	• 재정착 기회 부여 – 조합원에게 분양하고 남은 상가 등은 상가세입자 에게 분양권 우선 부여
	주거세입자	• 세입자 등의 이주대상주택 부족 – 재개발 사업추진시 세입자 등이 이주 할 수 있는 주택이 부족	• 순환개발 방식 추진 및 임대주택 우선확보 – 재개발 세입자 등의 이주단지 확보 이후 개발하는 순환개발 방식 추진 – SH공사 임대주택 위주 건설
분쟁 조정 기구 설치		• 분쟁발생시 중재기능 미흡 – 세입자와 조합, 조합과 조합원 등 이해 관계자간 분쟁시 중재기능 미흡	• 분쟁조정위원회 설치 – 재개발 관련 분쟁해결을 위해 시 · 군구에 분쟁조정 위원회 신설 *도시 및 주거환경정비법을 개정하여 설치근거를 마련, 구체적 운영방안은 시 · 도조례에 위임
투명성 강화		• 조합 회계감사 투명성 부족 – 조합에서 회계감사 기관 선정	• 회계감사의 투명성 제고 – 지자체장(시장 · 군수 · 구청장)이 직접 선정한 기관에게 회계감사 수행
		• 감정평가의 객관성 부족 – 구청장이 감정평가사를 추천하되, 계약은 조합이 감정평가사와 계약	• 감정평가의 객관성 확보 – 지자체장(시장 · 군수 · 구청장)이 감정평가사를 선정하고 계약도 직접 수행
건물주 책임 강화		• 조합이 세입자 보상금 전부 부담 – 건물주는 세입자수에 관계없이 비용부담 하지 않고 조합이 전부 부담(주거이전비 를 목적으로 친인척 등 위장 전입)	• 건물주의 책임 부담 강화 – 건물주도 세입자 보상금을 일부 부담

자료: 국무총리실 보도자료, 2009. 2

9-9. 뉴타운 사업이란?

(1) 사업대상

- 노후불량주택 밀집지역으로 재개발 사업이 추진되고 있거나, 추진예정인 지역으로서 동일 생활권 전체를 대상으로 체계적인 개발이 필요한 지역

- 미·저 개발지 등 개발밀도가 낮은 토지가 산재하고 있어 종합적인 신시가지개발이 필요한 지역

- 도심 및 근처 인근지역의 기성시가지가 무질서하게 형성되어 주거·상업·업무 등 새로운 도시기능을 복합적으로 개발·유치할 필요가 있는 지역

(2) 사업의 유형

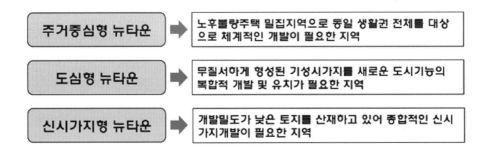

주거중심형 뉴타운	➡	노후불량주택 밀집지역으로 동일 생활권 전체를 대상으로 체계적인 개발이 필요한 지역
도심형 뉴타운	➡	무질서하게 형성된 기성시가지를 새로운 도시기능의 복합적 개발 및 유치가 필요한 지역
신시가지형 뉴타운	➡	개발밀도가 낮은 토지를 산재하고 있어 종합적인 신시가지개발이 필요한 지역

(3) 뉴타운 지정 개발절차

∞ 뉴타운 지정 개발 절차 ∞

(4) 제1기 뉴타운 3개 지구 사업개요

구분	길음뉴타운	은평뉴타운	왕십리뉴타운
위치	• 성북구 길음동 정릉동 일대	• 은평구 진관내외동, 구파발동 일대	• 성동구 하왕십리동 일대
면적	• 95만㎡(28만 7천평)	• 349만5천㎡(108만평)	• 33만7천㎡(10만 2천평)
건립규모	• 13,730가구, 41,200명	• 14,000가구, 39,200명	• 5,000가구, 14,000명
개발방향	• 보행중심의 녹색타운	• 리조트형 생태전원도시	• 복합기능을 가진 도심형 커뮤니티
개발방식	• 도시계획시설+주택재개발 • 기반시설설치: 시, 자치구 • 주택재개발사업: 민간 • 미시행구역에 대하여 시·구가 구역지정(사업)계획 수립지원	• 도시개발법에 의한 도시개발사업(공영개발) • 전체를 3단계로 구분하여 단계별로 시행	• 주택재개발사업, 획지별 개발 (도정법에 의한 정비사업, 왕십리뉴타운 제1종 지구단위계획)
기반시설 설치내용	• 서경대 진입로(B=8→15m, L=740) • 학교부지 2개소 추가확보(초등학교, 중고병설 학교 1) • 소공원(4개소)	• 도시개발사업을 통해 기반시설공급	• 지구단위계획(특별계획구역)과 주택재개발을 통해 각종 기반시설 공급
사업효과	• 도시기반시설 확충으로 주거환경개선 및 생활편익 도모 • 재개발사업기간 최대한 단축	• 개발제한구역내 낙후지역 시가지를 종합적으로 개발·정비하여 쾌적하고 편리한 생활환경을 조성 • 임대주택 공급확대를 통한 서민주거 생활 안정 기여	• 도심부 낙후지역 정비

● 왕십리뉴타운

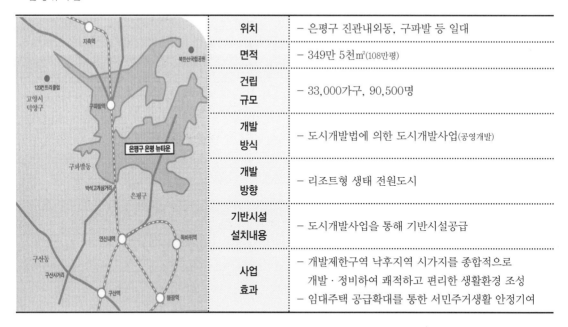

위치	– 성동구 하왕십리동 일대
면적	– 33만 7천㎡(10만 2천명)
건립 규모	– 5,000가구, 14,000명
개발 방식	– 주택 재개발 사업 획지별 개발
개발 방향	– 복합기능을 가진 도심형 커뮤니티
기반시설 설치내용	– 지구단위계획(특별계획구역)과 주택 재개발을 통해 각종 기반시설 공급
사업 효과	– 도심부 낙후지역 정비

● 은평뉴타운

위치	– 은평구 진관내외동, 구파발 등 일대
면적	– 349만 5천㎡(108만평)
건립 규모	– 33,000가구, 90,500명
개발 방식	– 도시개발법에 의한 도시개발사업(공영개발)
개발 방향	– 리조트형 생태 전원도시
기반시설 설치내용	– 도시개발사업을 통해 기반시설공급
사업 효과	– 개발제한구역 낙후지역 시가지를 종합적으로 개발·정비하여 쾌적하고 편리한 생활환경 조성 – 임대주택 공급확대를 통한 서민주거생활 안정기여

9-10. 균형발전촉진지구는?

(1) 사업목적

● 자치구별로 중심거점지역을 지정, 육성하여 지역주민의 각종 도시생활이 이곳에서 이루어질 수 있도록 복합도시를 개발하는 사업이다.

● 지역주민의 생활편의를 제고하는 동시에 도심 및 강남 중심의 서울의 도시구조를 다핵화로 전환함으로써 지역균형발전 및 교통·환경 등 각종 도시문제를 함께 해결하고자 하는 목적이 있다.

(2) 1차 균형발전촉진지구

지구	위치	권역별 분포	중심지 위계
청량리 균형발전촉진지구	• 동대문구 용두동 14 일대	동북권(2)	부도심
미아 균형발전촉진지구	• 성북구 하월곡동 88 일대 • 강북구 미아동 70 일대		
홍제 균형발전촉진지구	• 서대문구 홍제동 330 일대	서북권(2)	지역중심
합정 균형발전촉진지구	• 마포구 합정동 419 일대		
가리봉 균형발전촉진지구	• 구로구 가리봉동 125 일대	서남권(1)	

● 청량리 촉진지구

위치	- 동대문구 용두, 전농동 일대
면적	- 357,700㎡(10만 8천평)
건립 규모	- 13,730가구, 41,200명
개발 방식	- 주택 재개발
개발 방향	- 동북권 생활 문화 교류점으로 개발
기반시설 설치내용	- 교통체계개선 - 정보네트워크 구축
사업 효과	- 동대문구 자력 성장기틀 마련 - 지역 균형발전

● 미아 촉진지구

위치	- 강북구 미아 6, 7동 일대
면적	- 980,000㎡(27만 2천평)
건립 규모	- 4,100가구, 28,000명
개발 방식	- 주택 재개발+지구단위계획
개발 방향	- 미아지역 중심 배후주거기능 중심형 뉴타운 개발
기반시설 설치내용	- 우이-신설구간 경전철
사업 효과	- 길음 뉴타운과 인접 시너지 효과 - 향후 미아지역 배후 주거 중심지 - 기존의 미아 이미지 쇄신

9-11. 재개발은 무엇인가?

(1) 재개발이란?

- 기존 도시의 사회·경제적 변화, 건축물의 안전 및 위생, 기반시설의 부족 등 도시환경이 악화되는 것을 개선하여 토지의 합리적이고 효율적인 이용과 도시의 기능을 회복하기 위하여 건축물, 부지의 정비와 대지의 조성 및 공공시설 정비에 관한 사업을 말한다.

- 도시 재개발은 단기적으로는 토지이용의 효율화, 주거환경과 도시의 개선, 도시기능의 회복 등의 물리적인 것이 위주가 되며 장기적으로는 슬럼지구 및 환경의 정비, 주택질의 향상, 빈곤해소, 도시의 균형개발 등 공공과 사회의 이익이 되는 계획을 연속적으로 진행하는 것이다.

- 재개발 사업은 도심재개발 사업과 불량주택 재개발 사업으로 구분할 수 있는데, 도심재개발이란 도시의 노후화된 도심부를 현대적 시설로 개선하여 도심이 가지고 있는 기능을 효율적이고 원활하게 발휘하도록 한다. 불량주택 재개발은 과거의 시행착오를 개선하여 불량 시설물의 기능을 정비하고 환경을 순화함으로써 안전하고 기능적인 주거지를 조성하도록 한다.

(2) 재개발의 도입배경

- 도심재개발사업
  - 1983년 도심재개발 촉진 방안 발표
  - 서울올림픽 개최에 따른 도심 환경정비를 위한 재개발 사업 활기
  - 1990년대 이후 부진

- 불량주택재개발사업
  - 1950년대 이후 노후 불량주거지 문제 제기
  - 1960년대 철거 이주사업 및 시민 아파트 건설

- 1970년대 초 현지 개량사업

- 1980년대 중, 후반 자력재개발, 위탁재개발 도입

- 1980년대 이후 민간자본에 의한 주택재개발 위주로 진행

(3) 재개발 사업의 한계

- **원주민의 낮은 재정착률**
  - 민간 사업의 수익성 추구로 인하여 중대형 주택 위주로 건설되어 주민들의 추가 부담으로 연결

  - 사업기간 동안 지급되는 거주비가 충분치 않아 사업기간 동안 발생되는 이자 또한 영세민들에게는 부담으로 연결

- **부정적 외부효과**
  - 재개발구역의 고밀도 공동주택 개발로 인하여 기존 기반시설에 과부하 발생

  - 재개발구역 주변의 열악한 기반시설로 인해 진입도로 확보가 어려움

  - 지역의 수용 능력을 초과하는 개발은 기반시설 부족으로 이어져 도시 전체에 경제적 비효율성을 가져옴

- **정부의 역할 미비**
  - 주택재개발에 관련된 중앙정부의 역할이 미약한 실정임

  - 정부는 기반시설 확보 및 원주민 정착률을 높이기 위한 구체적인 방안을 마련치 않고, 별다른 대책 없이 불량주택을 개량하고 주거환경을 개선하려고 하고 있음

  - 지속적으로 중대형 위주로 주택이 건설될 경우 도시 저소득층의 주택문제가 심각해짐

9-12. 재건축은 무엇인가?

(1) 재건축이란?

- 기존 건축물이 노후화 되거나, 구조적으로 안전성이 저하되어 안전사고의 우려가 있거나, 유지보수비가 과다 소요되는 경우 그 대지위에 새로운 주택을 건설하기 위해 기존 주택의 소유자가 재건축 조합을 설립하여 시공사와 함께 주택을 건설하는 사업을 말한다.

- '도시 및 주거환경 정비법'에 따르면 주택재건축사업은 정비 기반시설은 양호하나 노후·불량건축물이 밀집한 지역에서 주거환경을 개선하기 위하여 시행하는 사업이다.

- 재개발 사업은 정비기반시설이 열악한 곳에서 시행된다는 점에서 두 사업의 차별성을 찾을 수 있다.

(2) 재건축의 도입배경

- 1960~1970년대 지어진 아파트가 시공기술 및 유지관리 인식 미흡 등으로 인하여 20년이 경과한 1980년대에 들어서면서 질적인 문제를 겪게 됨

- 몇 건의 아파트 붕괴사고로 주택 노후화에 대한 안전대책의 필요성이 널리 인식되게 됨

- 1983년 이후 합동재개발사업으로 노후 아파트 재건축이 활기

- 1984년 '집합건물의 소유 및 관리에 관한 법률'이 제정되어 재건축 사항이 포함됨

- 1987년 12월 '주택건설촉진법'을 개정하여 재건축 사업의 법적 근거를 마련

(3) 재건축 사업의 한계

- **획일적인 정비사업**
  - 재건축 사업은 대부분 주거단지 조성이 목적임
  - 경직된 제도로 개발 목적, 사업 주체, 지역의 특성에 따른 다양한 방식의 시도가 어려움
  - 대부분이 중 · 대형 공동주택으로 주거 유형의 선택 폭이 좁음

- **주택 가격의 불안정**
  - 주택의 특성 중 자산으로써의 가치가 있음(투기 수요)
  - 재건축 사업의 고급주택과 대형주택을 통해 고수익을 보장 받으려는 성향이 나타나고 있음
  - 해당 재건축 사업 단지 뿐 아니라 주변의 주택 가격에 큰 영향을 미침
  - 이로 인해 저소득층을 위한 주거의 선택 기회를 또 한번 배제할 가능성이 있음

- **조기 멸실로 인한 자원낭비**
  - 유지관리 비용이 과도할 경우 재건축을 시행하는 것이 바람직함
  - 최근 재건축 시기는 유지관리비용 부담보다는 주택시장 상황에 더 의존적임
  - 이로 인한 주택의 조기 멸실로 인한 자원낭비가 심각함

이야깃거리

1. 지속가능한 도시정비사업이란 무엇일까?

2. 도시정비사업에서 지속가능 계획요소를 찾아내보자.

3. 원주민 재정착률이 낮은 이유는 그 동안 지속가능 계획철학이 도시정비사업에 스며들지 않아서 일까?

4. 도시정비사업 현장에서 조합원, 조합장, 관련부서간의 갈등구조가 생기는 것일까?

5. 왜 도시정비사업을 완료하기 위해 평균 5~7년이라는 장기간이 소요되는가?

6. 도시정비사업 주체는 가급적 높은 용적률을 받으려하고, 시정부에서는 공공성을 이유로 가급적 용적률을 낮추려한다. 각각의 입장은 무엇인가?

7. 서울시의 장기 시프트(Shift)정책은 무엇인가? 시프트는 어디에 건설이 허용되며 도시공간구조에 미치는 영향에 대해 고민해 보자.

8. 도시정비 사업이 도시재생에 어떻게 기여할 수 있을까?

9. 세운상가 정비구역과 같은 도시정비사업에서 적용한 프로젝트 금융은 어떤 방식인가?

10. 세운상가정비사업이 도심공간구조를 어떻게 바꿀수 있을까? 지속가능한 도시공간구조 측면에서 고민해 보자.

11. 녹색도시로 가기 위해서는 서울시 주요 녹지축을 어떻게 구축하고 관리해야 할까?

12. 왜 재건축·재개발을 위한 정비구역 지정에 걸리는 시간이 길까? 정비구역 시정 소요기간을 단축하는 방법에는 어떤 것이 있을까?

13. 도시개발사업, 도시정비사업, 도시재정비 촉진사업의 특징을 법적 근거, 사업방식, 지정요건 측면에서 비교한 후 공통점과 차이점에 대하여 이야기 해보자.

14. 용산참사 이후 정부의 재개발 제도개선에 대한 논의가 이루어지고 있다. 향후 재개발 사업 시 개선해야 할 점에 대하여 논의해 보자.

15. 도시정비 프로젝트의 과정을 살펴보고, 사업의 범위에 따라 차이점은 무엇인지 생각해 보자.

16. 도시징비사업이 도시의 경쟁력 향싱, 주민들의 주거안정, 주택가격 안정에 얼마나 기여한다고 생각하는가?

17. 우리나라 도시정비 관련제도의 체계를 살펴보고, 각 사업별로 특징에 대하여 이야기 해 보자.

읽을거리

1. Rogers, R., Towards an Urban Renaissance, Report of urban Task Force, Department of Environment, Office of the Duputy Prime Minister, London, 1999

2. Florida, R., The Rise of the Creative Class—And How it is Transforming Leisure, Community and Everyday Life, Basic Books, New york, 2002

3. Bloomfield, J. and F. Bianchini, "Planning for the Intercultural City", Comedia, Bournes Green, 2004

4. Brecknock, R., More than Just a Bridge: Planning and Designing Culturally, Comedia, Bournes Green, 2006

5. Evans, G., Hard Branding the Cultural City: "From Prado to Prada", International Journal of Urban and Regional Research, Vol 27, no.2, 2003

6. O'Meara, M., Reinventing Cities for People and the Planet, Worldwatch Paper 147, Worldwatch Institute, Washington D.C., 1999

7. Hall, K. and G. Porterfield, "Community by Design", McGrow Hill, 2001

8. Jacobs, J. The Death and Life of American cities, Vintage, 1961

9. Pratt, R. and P. Larkham, "Who Will care for Compact cities?", in M. Jenkins, E. Burton and K.Williams eds. The Compact City—A Sustainable Urban Form, London E&FN SPON, 1996

10. Graham, H., Developing Sustainable Urban Development Models, Cities 14 no.14, 1997

11. Landry, C., "The Creative City: A Toolkit for Urban Innovators", Earthscan, London, 1998

12. Bell, D. and Jayne, M., City of Quarters: Urban Villages in the Contemporary City, Ashgate, Aldershot, 2004

10장

녹색도시 패러다임
속의 국토계획

10-1. 국토계획관련법 어떻게 합쳐졌나?

국토 3법(개정 전)	국토 2법(개정 후)
국토건설종합계획법 국토이용관리법 도시계획법	국토기본법(국토건설종합계획법폐지) 국토의 계획 및 이용에 관한 법률

∞ 개정 전 · 후의 국토관련법 ∞

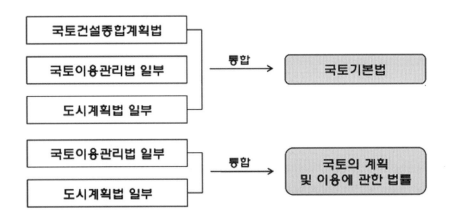

∞ 국토공간관련법의 통합과정 ∞

∞ 국토기본법에 의한 국토계획의 유형 ∞

10-2. '국토기본법'에 의한 공간계획에는 어떤 계획들이 있나?

● 국토계획은 국토를 이용·개발 및 보전함에 있어서 미래의 경제적·사회적 변동에 대응하여 국토가 지향하여야 할 발전방향을 제시하는 계획을 의미한다. 국토계획 속에 포함되는 각각의 종합계획의 위계는 국토 전역을 대상으로 하는 국토종합계획을 반영하여 도종합계획을 수립한다.

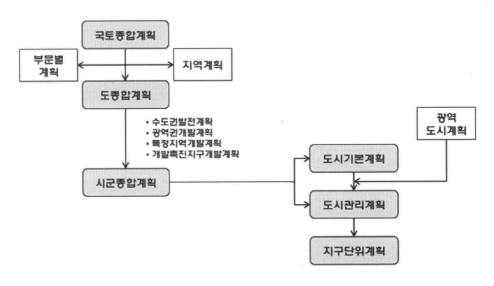

∞ 법률상의 국토공간계획의 위계 ∞

● 지역계획은 특정한 지역을 대상으로 특별한 정책목적을 달성하기 위하여 수립되는 계획이다.

● 부문별 계획은 국토 전역을 대상으로 특정 부문에 대한 장기적인 방향을 제시하는 계획이다.

● 도종합계획은 그 도 관할구역 안에서 수립되는 시군종합계획의 기본이 된다. 특별시 및 광역시의 경우에는 도종합계획이 없으므로 국토종합계획은 바로 시군종합계획에 의하여 구체화 된다.

- 시군종합계획은 곧 도시계획을 의미하는데 '국토의 계획 및 이용에 관한 법률'에 의한 도시기본계획과 도시관리계획으로 구분된다.

- 도시계획은 특별시 또는 광역시, 시군의 관할구역에 대하여 수립되는 공간구조와 발전방향에 대한 계획으로서 도시기본계획과 도시관리계획으로 구분된다. 그러나 넓은 의미의 도시계획으로 볼 때, 광역계획권의 장기발전방향을 제시할 필요가 있을 경우 세우는 광역도시계획, 도시계획 수립대상 지역안의 일부에 대하여 체계적·계획적으로 관리하기 위하여 수립하게 되는 지구단위계획까지도 포함시킨다.

❖ '국토기본법'에 의한 국토계획의 유형별 특성 ❖

구분	국토종합계획	도종합계획	비고(기존법)
계획목적	국토의 장기적인 발전방향 제시	도의 장기적인 발전방향 제시	시군의 기본적인 공간구조와 장기 발전방향 제시
계획내용	경제사회적 측면과 공간 구조적 측면	경제사회적 측면과 공간 구조적 측면	도시계획 기준
법적구속력	없음	없음	도시계획 기준
계획기간	20년	20년	도시계획 기준
계획구역 범위	국토 전체	도 관할구역 전체	시군 관할구역 전체

- 도시기본계획은 도시의 장기적인 발전방향과 미래상을 제시하는 계획으로서 그 내용이 사회·경제적 측면까지 포함하는 장기종합계획이므로 도시관리계획의 기본이 된다.

- 도시관리계획은 도시기본계획 및 광역도시계획이 수립된 지역의 경우에는 광역도시계획에서 제시된 도시의 발전방향을 도시공간에 구체적으로 정착시키는 중기계획에 해당한다. 따라서 도시관리계획은 그 상위계획인 광역도시계획 및 도시기본계획과 부합하여야 한다.

- 지구단위계획은 지구를 정하여 체계적·계획적으로 관리하기 위하여 수립하는 지구지향적인 계획·설계 지향적인 내용을 담고 있다. 도시관리계획으로 정하게 되는데 향후 10년에 걸쳐 나타날 시군의 여건변화와 계획구역의 미래상을 상정하여 수립하는 계획이므로 광역도시계획, 도시기본계획 등 상위계획의 내용을 반영하여야 한다.

10-3. '국토의 계획 및 이용에 관한 법률'에 의한 도시계획에는 어떤 것들이 있나?

(1) 광역도시계획

● 대도시권이 확산되고 교외화 현상이 진행됨에 따라 교통 인프라, 물류, 녹지, 상수도, 하수처리장 등의 도시문제가 광역화됨에 따라 관련되는 도시를 하나로 묶어 관리하기 위해 광역 도시계획이 탄생되었다.

● 광역도시계획에 포함되는 내용은 광역계획권의 공간구조와 기능분담, 녹지관리체계와 환경보전, 광역시설의 배치·규모·설치, 경관계획, 교통 및 물류 유통체계, 문화·여가공간 및 방재에 관한 사항 등이 해당된다.

● 도시에 관한 모든 사항을 계획으로 세우는 도시기본계획과는 달리 광역도시계획의 경우에는 광역계획권에 필요한 사항만 선택하여 정한다.

(2) 도시기본계획

● 도시기본계획은 특별시·광역시·시 또는 군의 기본적인 공간구조와 장기발전방향을 제시하는 종합계획으로서 도시관리계획수립의 지침이 되는 계획이다.

● 국토종합계획을 기본으로 하여 지역의 장기적인 발전방향과 미래상을 제시하는 계획이며, 지역 전체를 대상으로 도시의 공간구조는 물론 사회·경제적 측면까지 고려한 거시적 계획이다.

● 도시기본계획에 포함되어야 할 내용으로는 지역적 특성 및 계획의 방향·목표, 공간구조·생활권의 설정 및 인구의 배분, 토지의 이용 및 개발, 토지의 용도별 수요 및 공급, 환경의 보전 및 관리, 기반시설, 공원 및 녹지, 경관, 기타 도시기본계획의 방향 및 목표 달성에 필요한 사항 등이 해당된다.

(3) 도시관리계획

- 도시관리계획은 특별시, 광역시, 시 또는 군의 개발·정비 및 보전을 위하여 수립하는 토지이용, 교통, 환경, 경관, 안전, 산업, 정보통신, 보건, 후생, 안보, 문화 등에 관한 계획을 말한다.

- 도시관리계획은 도시기본계획에서 제시된 도시의 발전방향을 도시공간에 구체적으로 정착화시키는 중기계획이므로 도시기본계획과는 달리 사회·경제적 측면이 포함되지 않은 구속력 있는 물적 계획을 의미한다.

- 구체적으로는 용도지역 또는 용도지구의 지정·변경에 관한 계획, 개발제한구역·시가화조정구역 또는 수자원보호구역의 지정 또는 변경에 관한 계획, 기반시설의 설치·정비 또는 개량에 관한 계획, 도시개발사업 또는 정비사업에 관한 계획, 지구단위계획구역의 지정 또는 변경에 관한 계획과 지구단위계획 등이 해당된다.

- 용도지역 및 지구지정과 변경에 관한 내용을 도시관리계획으로 결정하도록 되어 있으며 이러한 내용은 도시공간구조 형성의 근간이 된다. 개발제한구역·시가화조정구역 또는 수자원보호구역과 같은 용도구역의 지정 또는 변경 또한 도시관리계획으로 결정하도록 되어 있다.

❖ '국토의 계획 및 이용에 관한 법률' 속의 계획별 목적, 내용, 기간, 범위 ❖

구분	광역도시계획	도시기본계획	도시관리계획
계획목적	광역계획권의 장기적인 구상과 발전방향의 골격제시	장기적인 도시발전방향 제시 및 도시관리계획 수립의 지침 제시	도시개발정비 및 보전절차 및 규제지침 제시
계획내용	광역공간구조, 녹지, 환경, 시설, 교통, 물류, 경관 계획	도시 공간구조와 장기발전방향, 미래상 제시	토지이용, 교통, 환경, 경관, 산업, 정보통신, 후생, 안전, 문화 등의 계획
법적구속력	없음	없음	없음
계획기간	20년	20년 5년마다 재정비	10년 5년마다 재정비
계획구역 범위	광역계획권	시·군 관할구역 전체	시·군 관할구역 전체

10-4. '국토계획법'의 용도지역 · 지구 · 구역 및 4대 용도 지역에는 어떤 것들이 있나?

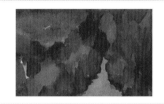

❖ '국토계획법'의 용도지역 · 지구 · 구역 ❖

지역			지구	구역	기타
대분류	중분류	소분류			
도시지역	주거지역	주거전용	경관지구 미관지구 고도지구 방화지구 방재지구 보존지구 시설보호지구 취락지구 개발진흥지구 특정용도제한지구	개발제한구역 시가화조정구역	(지구단위계획구역) (개발밀도관리구역) (기반시설부담구역) (토지거래허가구역)
		일반주거			
		1종			
		2종			
		3종			
		준주거			
	상업지역	중심상업			
		일반상업			
		근린상업			
		유통상업			
	공업지역	전용공업			
		일반공업			
		준공업			
	녹지지역	보존녹지			
		생산녹지			
		자연녹지			
관리지역	보전관리				
	생산관리				
	계획관리				
농림지역					
자연환경보전지역				수산자원보호구역	
4	7	16	10	3	(4)

❖ '국토계획법'상의 4대 용도지역 ❖

용도 지역	용도 성격
도시지역	• 인구와 산업이 밀집되어 있거나 밀집이 예상되는 지역에 체계적인 개발 · 정비 · 관리 · 보전 등이 필요한 지역
관리지역	• 도시지역의 인구와 산업을 수용하기 위해 도시지역에 준해 체계적으로 관리하거나, 농림업의 진흥, 자연환경 또는 산림보전을 위해 농림지역 또는 자연환경보전지역에 준해 관리가 필요한 지역
농림지역	• 도시지역에 속하지 아니하는 농지법에 의한 농업진흥지역 또는 산림법에 의한 보전임지 등으로서 농림업의 진흥과 산림의 보전을 위하여 필요한 지역
자연환경 보전지역	• 자연환경 · 수자원 · 해안 · 생태계 · 상수원 및 문화재의 보전과 수산자원의 보호 육성 등을 위하여 필요한 지역

자료: '국토계획법' 제6조

10-5. '저탄소 녹색성장 기본법' 제정이 녹색도시 커뮤니티 구축에 주는 시사점은?

(1) 주요 내용

● 녹색경제 · 녹색산업의 창출 및 단계적 전환 촉진, 녹색산업투자회사 설립, 기후변화 · 에너지 목표관리제 도입, 총량제한 배출권 거래제 등 도입, 녹색국토 조성, 저탄소 교통체계 구축 등의 내용을 담고 있다.

(2) 여러 가지 녹색의 개념들

● 저탄소 녹색성장 기본법에서 제시하고 있는 녹색개념은 크게 다음과 같이 10가지 정도로 나눌 수 있다.

| 저탄소 | 녹색성장 | 녹색기술 | 녹색산업 | 녹색생활 |
| 녹색경영 | 온실가스 | 자원순환 | 신재생에너지 | 에너지자립도 |

녹색용어	개념 및 정의
저탄소	• 화석연료에 대한 의존도를 낮춤 • 청정에너지의 사용 및 보급을 확대하며 녹색기술 연구개발 • 탄소흡수원 확충 등을 통하여 온실가스를 적정수준 이하로 줄이는 것
녹색성장	• 에너지와 자원을 절약하고 효율적으로 사용하여 기후변화와 환경훼손 방지 • 청정에너지와 녹색기술의 연구개발을 통하여 새로운 성장동력 확보 • 새로운 일자리를 창출, 경제와 환경이 조화를 이루는 성장
녹색기술	• 온실가스 감축기술, 에너지 이용 효율화 기술, 청정생산기술, 청정에너지 기술, 자원순환 및 친환경 기술(관련 융합기술을 포함) • 사회·경제 활동의 전 과정에 걸쳐 에너지와 자원을 절약하고 효율적으로 사용하여 온실가스 및 오염물질의 배출을 최소화하는 기술
녹색산업	• 경제·금융·건설·교통물류·농림수산·관광 등 경제활동 전반에 걸쳐 에너지와 자원의 효율화 • 환경을 개선할 수 있는 재화의 생산 및 서비스의 제공 등을 통하여 저탄소 녹색성장을 이루기 위한 모든 산업
녹색생활	• 에너지·자원의 투입과 온실가스 및 오염물질의 발생을 최소화하는 제품
녹색경영	• 기업이 경영활동에서 자원과 에너지를 절약하고 효율적으로 이용 • 온실가스 배출 및 환경오염의 발생을 최소화 • 사회적, 윤리적 책임을 다하는 경영
온실가스	• 이산화탄소(CO_2), 메탄(CH_4), 아산화질소(N_2O), 수소불화탄소(HFCs), 과불화탄소(PFCs), 육불화황(SF_6) 등 적외선 복사열을 흡수하거나 재방출하여 온실효과를 유발하는 대기 중의 가스 상태의 물질
자원순환	• 환경정책상의 목적을 달성하기 위하여 필요한 범위 안에서 폐기물의 발생을 억제하고 발생된 폐기물을 적정하게 재활용 또는 처리 • 자원의 순환과정을 환경친화적으로 이용·관리
신재생에너지	• 기존의 화석연료를 변환시켜 이용하거나 햇빛·물·지열·강수·생물유기체 등을 포함하는 재생 가능한 에너지를 변환시켜 이용하는 에너지
에너지자립도	• 국내 총소비에너지량에 대하여 신·재생에너지 등 국내 생산에너지량 및 우리나라가 국외에서 개발(지분 취득을 포함)한 에너지량을 합한 양이 차지하는 비율

10-6. 국외의 저탄소 에너지 관련 법제

(1) 미국

● 기후안보법(Lieberman-Warner, 2008년), 저탄소 경제법안(Bingaman-Specter, 2007년) 등 기후변화대응과 온실가스 감축 법안 제안

● 오바마 행정부는 2009년부터 10년간 1,500억 달러 투자, 500만개 그린일자리 창출 목표(녹색산업 육성 및 환경보호 동시 달성)

– 2012년까지 신재생에너지 사용비율 10%, 2025년까지 25% 목표

기초 연구 및 인적자본 투자 확대	• 청정에너지 연방기금을 60억 달러에서 120억 달러로 증액
핵심기술 상용화를 위한 투자확대	• 청정 기술 개발 벤처 캐피탈 기금 조성 • 세액 공제(신재생에너지 기술 사용화 촉진) 혜택
민간투자 및 혁신을 위한 표준설정	• 2020년까지 CO_2 배출량 10% 감축 의무화 (저탄소 연료기준 설정) • 2025년까지 연방정부 신재생에너지 사용비율 30% 이상

(2) 유럽 연합

● 유럽 회원국간의 공조체제를 통한 기후변화대응 노력으로 '20·20·20' 기후와 에너지 통합법안을 EU본회의 승인(2008. 12)

　– 주요내용 : 2020년까지 온실가스 배출량을 1990년 기준으로 20% 감축

　　　　　　　전력공급 중 재생에너지 비율을 20%(바이오연료 10% 포함)로 높임

● 온실가스 감축을 촉진하는 'EU 기후변화 종합법(Directives)' 발표(2009. 4)

　– 주요내용 : ① 배출권거래시스템 개정

　　　　　　　② 회원국 온실가스 감축 목표 설정

　　　　　　　③ CCS(Carbon Capture and Storage) 법제화

　　　　　　　④ 재생에너지 의무사용 비율 설정

　　　　　　　⑤ 승용차 CO_2배출 기준 설정

　　　　　　　⑥ 연료처리시 발생하는 온실 가스 감축 목표설정 등 총 6개 항목으로 구성

(3) 영국

- 기후변화법(Climate Change Act)의회 통과(2008. 11)

- 기후변화위원회 발족(2008. 12)

- 탄소예산(Carbon Budget) 및 2050 장기목표 제안
  - 세계 최초로 2050년 80%, 2020년 26%, CO_2배출감축을 법적 의무화
  - Carbon Budgeting System을 통해 단계별 CAP 적용

영국의 기후변화법(Climate Change Act 2008) 특징

- 2050년까지 CO_2 배출량을 1990년 대비 80% 감축하고 CO_2 감축을 위한 5년 단위의 탄소예산 제도 수립
- 독립 전문기관으로 기후변화위원회를 창설, 매년 정부에 CO_2 배출량을 권고하고, 진행상황에 대한 보고서를 의회에 제출
- 2012년 4월까지 민간업체의 CO_2 감축 기여도 보고 의무를 규정

일자리 창출	녹색산업 육성
- 2020년까지 1,000억달러 투입, 일자리 16만개 창출 목표 - 철도노선 확대, 노후 학교 및 병원 인프라 구축 등 일자리 3만개 창출	- 전력 IT를 통해 건물과 주택의 에너지 사용 최적화 - 풍력 및 조력발전, 전기자동차 개발 등을 통해 일자리 창출 - 풍력 관련 2020년까지 7,000기 대형 풍력발전기 국내외 설치

---

(4) 프랑스

- 그르넬 환경법(Loi de programme relatif a la mise en oeuvre en oeuvre du Grenelle de l' environnement) 하원의결(2008. 10)
  - 주요내용 : ① 2050년까지 온실가스 배출량을 1990년 수준의 25%로 감축
  - ② 2020년까지 탄소부문에서 유럽 내 가장 효율적인 경제체제 구축 목표

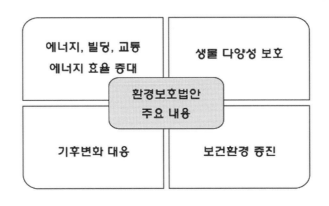

에너지, 빌딩, 교통 에너지 효율 증대	생물 다양성 보호
환경보호법안 주요 내용	
기후변화 대응	보건환경 증진

일자리 창출	녹색산업 육성	녹색건설 사업투자
- 2020년까지 4,000억 유로 투자 50만개 일자리 창출	- TGV 2,000㎞ 및 파리 외곽 전철 1,500㎞ 신설 등 970억 투자	- 에너지 효율 제고를 위해 주택개량 사업(105억 유로 투입) - 에너지 절약형 학교 및 병원 신개축 (65억 유로 투입)

(5) 일본

● '지구온난화대책 추진에 관한 법률'제정 이후 3차례 개정(2002. 2006. 2008)
  - 동법에 따라 2006년부터 특정사업자 대상 온실가스 배출량 산정 · 보고 의무를 부여하고 국가가 집계 · 공표하는 제도 시행

● 저탄소 사회구축을 위한 '쿨어스 50(Cool Earth)'발표(2007. 5)
  - 전세계 온실가스 배출량을 2050년까지 현재 수준에서 반감시켜야 한다는 글로벌 목표와 post−2012체제에는 모든 국가가 참여하되 각국 사정에 따라 온실가스 감축정책을 유연하게 시행할 수 있어야 한다는 방안 제안

● '이노베이션 25(2007. 5)'를 통해 환경산업을 경제성장 엔진으로 활용

● 2050년까지 온실가스를 현재의 60~80% 수준으로 감축하겠다는 '후쿠바 비전' 발표(2008. 6)

● 2009년 1월에도 아소 다로 총리가 "2015년까지 녹색산업 시장규모를 100조엔으로 확대하고 관련분야 일자리를 80만개 창출하겠다"고 발표했으나 아직 구체화 되지는 못함

(6) 한국

- **2008년 '저탄소 녹색성장'을 새로운 국가비전으로 선포**
  - 녹색성장은 녹색기술 · 청정에너지 등을 통하여 온실가스와 환경오염을 줄이는 지속가능한 성장으로, 신국가발전 패러다임
  - 저탄소 녹색성장기본법안(2009. 3) : 녹색성장은 "에너지와 자원을 절약하고 효율적으로 사용, 기후변화와 환경훼손을 줄이고, 청정에너지와 녹색기술의 연구개발을 통하여 새로운 성장동력을 확보하며, 새로운 일자리를 창출해 나가는 등 경제와 환경이 조화를 이루는 성장"
    ① 녹색뉴딜 정책 본격 점화
    ② 녹색성장위원회 설치
    ③ 저탄소 녹색성장 기본법 제정 등 시사

이야깃거리

1. 저탄소 녹색성장과 관련된 법은 국토계획관련법 중에 어떤 것들이 있나?

2. 저탄소 녹색성장을 추진하는데 걸림돌이 되는 법조항은 어느 법에 어떤 조항들인가?

3. 저탄소 녹색성장의 탄소저감전략을 위해 조정 또는 개정해야 할 법의 내용은 어떤 것들 일까?

4. '4대강 정비사업'을 추진하기 위한 법에는 어떤 것들이 있는지 생각해 보자.

5. 녹색도시가 정착되기 위해서는 도시관련법 중 어느 법이 우선적으로 개정(부분)되어야 할 까?

6. 녹색도시로 가는 길에 법적 제약요소가 있다면 어떤 것들이 있을 수 있나?

7. '4대강 정비사업'과 같은 대형 국책사업을 추진하기 위해서는 사업착수전에 타당성조사, 환경·교통영향평가 등을 거쳐야 하는데 이런 일련의 과정들이 제대로 이루어졌는지 검 토해보자.

8. 에너지 절약형 도시를 만드는 것이 저탄소 녹색성장과 직접 연결되어 있다. 그렇다면 에 너지 절약형 도시를 만드는데 법적 제약요소는 무엇인가?

9. 정부는 저탄소 녹색성장을 위해 국민들에게 자전거 이용을 권장하고 있다. 그러나 자전 거 교통사고시 보험, 과실판단, 보상, 원인 규명 등 모든 법적·제도 장치가 허술하다. 이에 대한 고민을 해보자.

10. 저탄소 녹색성장을 하기위한 버팀목이 궤도 교통수단의 활성화이다. 그러나 지금까지 교 통관련 법률이 지나치게 자동차와 도로 위주로 되어 있어서 궤도 교통수단에 정책의 우 선순위를 둘 때 걸림돌이 많다. 이 점을 모두 함께 생각해 보자.

11. 저탄소 녹색성장이란 국가정책목표와 지난 정부에서 추진해 오고 있는 혁신도시, 기업도 시의 건설과는 그 이념, 계획철학, 전략 등에서 커다란 거리감을 갖고 있는 사람들이 많 다. 어떻게 해야 할지 고민해 보자.

12. 저탄소 녹색성장시대에도 행정중심복합도시는 계속 추진되어야 하는 걸까? 그렇다면 지속 가능한 행정중심복합도시의 모습은 어떤 것인지 생각해 보자.

13. 요즘 모든 정부 정책들이 녹색, 저탄소란 이름을 붙이지 않은 정책이 없을 정도로 녹색이 난무하고 있다. 그래서 예산 집행의 우선순위 등에 있어서 정책간 부서간 갈등과 마찰을 불러오기도 한다. 어떻게 해야 할까?

14. 저탄소 녹색성장을 이끄는 정부 사령탑은 총리실인 것으로 알고 있는데 과연 총리실에서 저탄소 녹색성장과 관련된 모든 사업을 총괄할 수 있는지, 만약 그렇지 못하다면 어느 부서에서 사령탑 역할을 해야 하는지 생각해 보자.

15. 저탄소 녹색성장 기본법이 향후 도시계획에 미칠 영향은 무엇인가? 녹색도시 커뮤니티를 만들어 나가는데 구체적으로 어떠한 계획요소들이 반영될 수 있는지 논해보자.

16. 녹색도시를 개발하는데 있어 핵심적으로 반영해야 할 점들을 5G(녹색성장, 녹색기술, 녹색산업, 녹색생활, 녹색경영)측면에서 생각해 보자.

17. 국토계획관련법들의 변천과정을 살펴보고, 이러한 부분들이 도시의 공간구조변화에 어떠한 영향을 미쳤는지 논해보자.

18. 광역도시계획, 도시기본계획, 도시관리계획의 계획내용과 범위는 어떻게 다른지 그 차이점에 대하여 생각해 보자.

19. 국토, 도시, 단지를 계획하는 법률상의 공간계획위계를 그려보고 향후 국토·도시관련 법들을 제정시 나가야할 방향은 무엇인지 논해보자.

11장

녹색도시 속의
U-City와 G-ITS

11-1. U-City란 무엇이며, 왜 주목받고 있는가?

(1) U-City란 무엇인가?

● U-City는 언제, 어디서나 컴퓨팅을 구현하여 사용자가 네트워크나 컴퓨터를 의식하지 않고 장소에 상관없이 자유롭게 네트워크에 접속할 수 있는 정보통신환경을 의미하는 유비쿼터스 기술이 도시에 접목되면서 시작되었다.

● U-City는 첨단 정보통신망을 도시의 기본 인프라로 채택하여 이를 기반으로 유비쿼터스 정보서비스를 도시공간에 융합하여 다양한 서비스를 제공하는 도시로 정의된다. 즉, U-City는 도시생활의 편의 증대와 삶의 질 향상, 체계적 도시 관리에 의한 안전보장과 시민복지 향상, 신산업 창출 등 도시 제반 기능을 혁신시킬 수 있는 미래 지향적 신도시를 의미한다.

● U-City의 법적 정의(U-도시법 제2조)는 ① 도로, 교량, 학교, 병원 등 도시기반시설에 ② 첨단 정보통신기술을 융합하여 유비쿼터스 기반시설을 구축하여 ③ 교통, 환경, 복지 등 각종 유비쿼터스 서비스를 언제 어디서나 제공하는 도시로 정의한다.

(2) U-City의 특징

● U-City의 특징은 크게 지능화, 네트워크, 공통/통합, 서비스 등으로 구분할 수 있다. 도시를 체계적으로 관리할 수 있도록 하는 도시 기능의 지능화, 인터넷 공간 기반의 유무선 네트워크, 언제 어디서 누구나 이용할 수 있는 공통 플랫폼 및 통합관리, 유비쿼터스 기술 접목을 통한 실용적인 서비스를 구현하는 것이다.

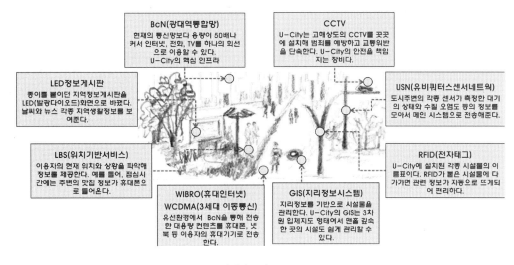

∞ 미래의 도시 U-City ∞

(3) U-City의 필요성

- 첫째, 국민의 삶의 질 향상이다. 현재 우리나라는 대도시를 중심으로 인구 및 경제활동 등이 집중되어 있다. 이는 도시의 과대, 과밀화를 일으키며, 교통, 환경, 의료, 안전 등 여러 부문에서 문제를 유발한다. U-City는 정보기기의 하드웨어 운영 정보관리에 필요한 소프트웨어 기술과 이들 기술을 이용하여 정보를 수집, 생산, 가공, 보존, 전달, 활용하는 모든 방법과 관련한 학문 기반의 첨단 서비스를 제공할 수 있는 만큼 도시기능을 효율적으로 구현할 수 있고 이를 통해 체계적인 도시관리가 가능해져 시민의 삶의 질을 제고할 수 있다.

- 둘째, U-City산업을 통해 국민 경제의 새로운 성장 동력을 확보하는 것이다. U-City산업의 투자금액은 시간이 갈수록 커질 것이며 이에 대한 생산파급효과도 지속적으로 증가할 것이다.

- 셋째, U-City 관련 신규 시장 개척을 통해 기업의 신규 사업 참여기회를 확대하는 것이다. 기업은 U-City 건축물 조성단계에서 초고속 정보통신건물 인증과정, U-홈 네트워크 구축 등을 통해 소프트웨어 및 IT 서비스의 신규시장 창출을 기대해 볼 수 있다. 또 U-City에 입주가 완료되면 입주민들을 대상으로 한 IT 결합 부가서비스와 지방자치단체를 대상으로 하는 공공서비스 등을 통해 새로운 수익원을 확보할 수도 있다. 입주민과 지방자치단체를 대상으로 하는 서비스 시장은 지속적인 부가가치 창출이 가능할 것으로 예상된다.

도시화에 따른 문제점 발생	세계 일류의 정보통신기술	미래 도시 창조
• 도시의 과대, 과밀화 • 도시의 정체, 쇠퇴 • 지역불균형, 교통문제 • 자연경관 훼손, 환경문제 • 공동체 의식 결여, 도시빈민 • 개인주의, 재해문제	• 세계 최고수준의 정보통신 인프라 • 세계 최고수준의 정보통신 산업 • 디지털홈, 텔레매틱스 • BcN, FTTH, ETS • 스마트카드, 휴대인터넷	• 지속가능한 도시 / 살고싶은 도시 • 친환경도시 / 자족도시

∞ U-City 건설의 필요성 ∞

11-2. U-City의 계획과정은 어떻게 이루어지나?

(1) U-City계획건설과정

• U-City의 계획건설과정은 U-City 건설 등에 관한 법률에 의하여 다음과 같이 이루어진다.

U-도시종합계획	• 수립 : 국토해양부장관 • 심의 : U-City 위원회	법 제4조 내지 제7조
U-도시계획	• 수립 : 특별시장, 광역시장, 시장·군수 • 승인 : 국토해양부장관	법 제8조 내지 제11조
U-도시건설사업계획	• 수립 : 사업시행자 • 승인 : 특별시장, 광역시장, 시장·군수	법 제13조
U-도시건설실시계획	• 수립 : 사업시행자 • 승인 : 특별시장, 광역시장, 시장·군수	법 제14조
U-도시건설사업 시행	• 사업시행자	
준공검사	• 특별시장, 광역시장, 시장·군수	법 제16조

∞ U-City 계획건설과정 ∞

(2) U-City 관리운영 및 추진기구 체계

- U-City의 관리운영 및 추진, 지원 체계는 다음과 같다.

- U-City의 관리운영

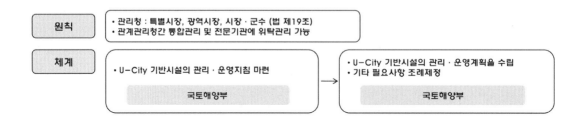

원칙	• 관리청 : 특별시장, 광역시장, 시장·군수 (법 제19조) • 관계관리청간 통합관리 및 전문기관에 위탁관리 가능	
체계	• U-City 기반시설의 관리·운영지침 마련 국토해양부	→ • U-City 기반시설의 관리·운영계획을 수립 • 기타 필요사항 조례제정 국토해양부

- U-City의 추진기구

국토해양부	U-City 사업협의회(법 제24조)

• 위원장(국무총리), 부위원장(국토부장관 등) 포함
  20명 이내로 구성
• 관계부처간 협력 및 도시종합계획 등을 심의
	• 지자체, 관계행정청, 사업시행자 및 전문가 등
	  25명 이내로 구성
	• 사업계획, 실시계획, 기반시설의 관리·운영 등
	  주요 사항 협의

- U-City의 지원

보조 및 융자	• U-City 건설사업 비용의 일부 보조 또는 융자 • 국가 – 지자체 • 국가/지자체 – 민간 등	(법 제25조)
시범도시지정	• U-City의 최적조건을 갖춘 지역을 대상으로 시범도시를 지정하여 사업에 필요한 행정 기술 등을 지원 • 성공모델을 제시	(법 제28조)
인력양성 및 연구개발		(법 제28조 내지 제27조)

11-3. U-City 국내외 추진사례

(1) 국외 U-City 추진사례

Zamora Hot City	• 세계에서 가장 통신망이 발달한 도시 • Afitel사가 WiFi를 전역에 구축한 세계 최초의 WiFi도시

INTEL CITY	• EU의 정보화 사회 프로젝트 중 하나로 5개의 주요 시나리오로 구성
	   – e-Democracy City
	   – Virtual City
	   – Cultural City
	   – Environment City
	   – Post -catastrope City
	• 6개 도시를 통합한 오픈 시스템 기반으로 시범통합

Urban Tapestries	• 사용자가 무선으로 특정장소에 대한 다양한 멀티미디어 정보 콘텐츠에 접근하는 동시에 개인이 각자 자신의 콘텐츠를 새롭게 기록하거나 업로드 할 수 있게 하는 서비스 제공
Amble Time 프로젝트	• 기존의 시간개념을 반영할 수 없었던 일반적인 지도의 한계를 극복할 수 있는 새로운 디지털 지도
UAE 두바이시 텔레매틱스 프로젝트	• 1600만불 규모의 텔레매틱스 프로젝트 진행 중 • 1단계: 안전과 관련된 서비스의 집중, 2단계: 다양한 서비스 구축예정 • 두바이 전역을 대상, 설계–운영 및 유지관리에 이르기까지 공공사업 전체를 민간에 아웃소싱
스톡홀롬의 혼잡관리시스템	• RFID를 활용한 혼잡통행료 징수시스템 운영 • RFID칩이 식재된 OBU를 장착하지 않은 차량에 대한 별도의 카메라 시스템 운영

11-4. U-City 서비스의 유형은 어떤 것들이 있는가?

(1) U-City 서비스의 유형

- U-City에서 제공되는 유비쿼터스 서비스의 유형을 살펴보면 다음과 같다.

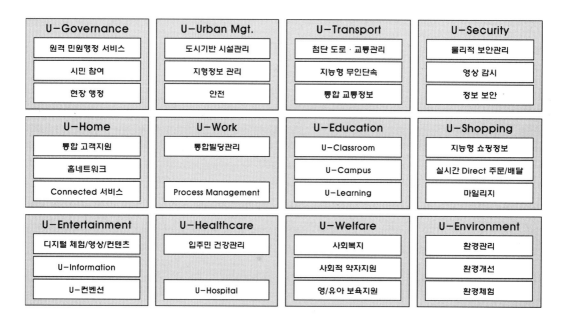

U-Governance	U-Urban Mgt.	U-Transport	U-Security
원격 민원행정 서비스	도시기반 시설관리	첨단 도로·교통관리	물리적 보안관리
시민 참여	지형정보 관리	지능형 무인단속	영상 감시
현장 행정	안전	통합 교통정보	정보 보안

U-Home	U-Work	U-Education	U-Shopping
통합 고객지원	통합빌딩관리	U-Classroom	지능형 쇼핑정보
홈네트워크		U-Campus	실시간 Direct 주문/배달
Connected 서비스	Process Management	U-Learning	마일리지

U-Entertainment	U-Healthcare	U-Welfare	U-Environment
디지털 체험/영상/컨텐츠	입주민 건강관리	사회복지	환경관리
U-Information		사회적 약자지원	환경개선
U-컨벤션	U-Hospital	영/유아 보육지원	환경체험

∞ 유비쿼터스 도시 서비스의 유형 및 기본 틀 ∞

11-5. ITS란 무엇인가?

(1) 지능형교통체계(ITS)

- ITS는 교통의 이동성과 안전성을 확보하기 위하여 전기통신분야의 새로운 기술을 도로에 접목한 것이다. ITS는 교통혼잡 완화 및 교통사고 감소 등 도로 이용의 효율성을 증대시켜 교통혼잡에 따른 사회적 비용 및 에너지 절감 효과를 나타낸다.

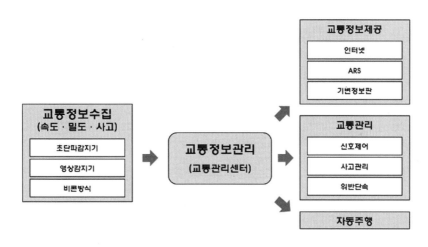

∞ ITS의 개념도 ∞

(2) ITS의 분야별 추진목표 및 기능

분야	추진목표	주요기능
교통관리 최적화	• 실시간 교통운영체계를 구축하여 교통흐름을 효율적으로 관리하고 교통시설 이용효율 극대화 • 실시간 교통정보제공, 교통법규위반차량 자동단속 등을 통해 편리하고 안전한 교통여건 조성	• 실시간 교통류 제어 • 돌발상황 관리 • 교통법규위반 자동단속
전자지불	• 교통시설 및 수단에 대한 이용요금을 자동으로 지불할 수 있도록 하여 여행자의 교통이용 편의 증진	• 유료도로통행료 징수 • 대중교통요금 징수 • 교통시설이용요금 징수
교통정보유통 활성화	• 교통관리기관이 수집하는 교통정보를 연계·통합하여, 교통정보사업자 및 여행자에게 제공	• 교통정보관리·연계 • 기본교통정보 제공
여행자정보 고급화	• 여행자에게 고급부가교통정보를 제공하여 교통이용 편의증진	• 차량여행자 부가정보 제공 • 비차량여행자 부가정보 제공
대중교통	• 대중교통의 운행정보를 활용하여 정시운행을 확보하고, 운행정보를 여행자에게 제공하여 대중교통이용 편의 증진	• 대중교통 운행관리 • 대중교통 운행정보 제공
화물운송 효율화	• 국가와 민간이 공동으로 추진 – 추진방향 및 계획수립은 정부, 시스템 구축 및 운영은 민간이 담당	• 물류정보 관리 • 위험물차량 관리 • 화물전자행정
차량·도로 첨단화	• 차량이 교통 및 운행관련 정보를 인지하여 운전자에게 제어하거나 운전편의와 안전 운행을 확보	• 안전운전 지원 • 자동운전 지원

11-6. 미래의 녹색교통체계 G-ITS

(1) 새로운 융합 시장

● 녹색성장시대에 맞는 산업개편이 강조되고 이를 통한 미래의 신성장동력을 창출하는 범국가적 목표가 뚜렷해지는 시점에서 그동안 추진 되어온 ITS 분야도 녹색성장에 맞춰 새로운 시스템 구축과 서비스 목표를 제시할 필요가 있다.

(2) VIT 융합기술

● 자동차제어기술, 통신기술 및 정보시스템 기술 등 VIT 융합기술을 통해 미래의 자동차 산업 경쟁력 확보와 첨단녹색교통 산업시장의 창출 기반 마련이 필요하다.

● 자동차와 IT 융합기술은 차량 자체의 첨단안전차량(ASV) 기능을 무선통신을 이용한 도로-차량 연계기능으로 분담함으로서 고가의 시스템을 저가 보급형으로 전환하여 시스템을 개발하는 응용기술이다. 또한 생체, 신체 정보를 기반으로 편리한 인터페이스와 저탄소 고연비의 주행정보를 제공하여 고령운전자 및 교통약자들을 포함하는 모든 운전자가 쉽고 편리하게 운전할 수 있는 지속가능한 교통환경을 구축한다.

● 차량의 에너지 효율과 교통사고 예방 극대화를 위해 자동차 제어기술, 통신기술 및 정보시스템 기술 등 VIT 융합기술을 통해 미래의 자동차 산업 경쟁력 확보와 첨단녹색교통 산업시장 창출 기반을 마련할 수 있다.

(3) Nomadic Device 서비스

- 최근 ITS 시스템들이 구축되기 시작하면서 도로 상에 각종 유무선 통신 시설물들이 매설되어 도로는 이제 단순한 물리적인 공간에서 벗어나 전자적인 정보화도로 개념으로 전이되고 있다.

- Nomadic Device는 기본적으로 휴대폰, GPS, WiFi 등 광대역 무선망 통신 연결을 지원하며 차량의 경우 차내 통신망에 블루투스 등의 단거리 통신망을 통해 다양한 서비스의 제공이 가능하다.

- 녹색교통시대에 Nomadic Device의 모바일 콘텐츠와 VIT 융합기술이 결합된 맞춤형 서비스는 향후 ITS 산업의 핵심으로 볼 수 있다.

(4) G-ITS 시대

- 정부를 비롯한 공공기관의 주도로 진행된 ITS 산업은 녹색성장시대를 대비해 녹색교통을 구현하는 기반을 마련하고 있다.

- 우리나라의 IT 기술이 세계적 수준으로 발전함에 따라 이제는 공공 주도의 산업에서 벗어나 실질적인 저탄소 녹색성장을 주도하고 일자리를 창출할 수 있는 성장동력모델을 통해 시장을 개척해 나가야 한다.

- 녹색통행사회로 나갈 수 있도록 그린 ITS 구축이 필요한 시점이다.

1. U-City의 필요성을 도시화 문제, 정보통신기술, 미래도시 창조 측면에서 논의해 보자.

2. '지속가능성' 패러다임이 U-City에 어떻게 적용될 수 있을까?

3. U-City의 계획건설과정을 계획에서 관리운영, 추진기구, 지원방안으로 나누어 살펴보자.

4. 녹색도시를 염두에 둔 U-City건설에서는 어떤 계획요소를 고려하여 추진해야 할까?

5. 국외 U-City 추진사례를 살펴보고, 국내 도입 시 고려해야 할 계획요소에는 어떤 것들이 있을지 생각해 보자.

6. U-City의 핵심기술에는 어떤 것이 있나?

7. U-City의 서비스 유형에는 어떤 것들이 있는지 살펴보자.

8. U-City에 신재생에너지 시스템을 적용할 수 있는지 고민해보자.

9. U-City와 ITS의 관계는 어떻게 정립할 수 있을까? 이에 대한 분명한 관계정립 없이 U-City사업과 ITS사업이 별개로 진행된다면 어떠한 문제점이 발생할지 논의해 보자.

10. 스마트하이웨이 도로기반시설의 핵심기술개발 시 ITS의 범위 및 역할은 어디까지인가?

11. 지속가능한 도로교통계획의 방향이 ITS에서 G-ITS로 변화되고 있다. 기존의 ITS와 G-ITS는 무엇이 다른지 논의해 보자.

12. U-City에 관련된 문제점이 드러나고 있다. 어떤 문제들이 있는지 살펴보자.

13. U-City와 생태도시와의 관계를 설명하고, 두 개 도시패러다임이 공존 할 수 있는 방안을 모색해보자.

14. 정부의 저탄소 녹색 성장에 U-City의 어떤 부분이 접목될 수 있을까?

15. 저탄소녹색성장 정책내의 어떤 사례에 U-City가 적용될 수 있는지 생각해보자.

16. U-City에 '스마트그리드' 시스템이 어떻게 연계될 수 있는지 생각해보자.